WILFRIED LINGENBERG

Nichtstandardanalysis für die Schule

2025

Mathematics Subject Classification 2020:
26-01   26A06   26E35   03H05   97Ixx

Bibliographische Information der Deutschen Nationalbibliothek: Die Deutsche Nationalbibliothek verzeichnet diese Publikation in der Deutschen Nationalbibliographie; detaillierte bibliographische Daten sind im Internet über dnb.dnb.de abrufbar.

3. Auflage

Verlag: BoD · Books on Demand GmbH, Überseering 33,
22297 Hamburg, bod@bod.de
Druck: Libri Plureos GmbH, Friedensallee 273,
22763 Hamburg

ISBN: 978-3-7578-4711-1

Dem Andenken meines Großvaters

KURT LINGENBERG

(1899 – 1987)

gewidmet,

Oberstudienrats für Mathematik und Physik
an der Staatlichen Oberschule und am Conradinum in Danzig
und nach Kriegsgefangenschaft und Vertreibung
am Gymnasium Wellingdorf in Kiel.

Inhalt

Vorwort

Vor Jahren hatte sich der Verfasser schon damit abgefunden, jeden Analysiskurs in der elften Klasse mit den Worten zu beginnen: »In den nächsten Wochen werden wir uns etwas quälen müssen, das Thema ›Folgen und Grenzwerte‹ werdet ihr unangenehm finden. Haltet durch; nach den Herbstferien wird die Analysis schön.«

Eine Veranstaltung des Instituts für Lehrerfortbildung (ilf) Mainz im April 2018 zeigte dann, daß man das gefürchtete Thema deutlich entschärfen und zumal, wenn man möchte, ans Ende des Kurses verschieben kann: Nämlich, indem man die Differential- und Integralrechnung auf Nichtstandardgrundlage einführt, die die Voraussetzung des Grenzwerts nicht braucht. Der Entschluß, ab dem nächsten Schuljahr nur noch Nichtstandard zu unterrichten, fiel leicht; mühsam war dagegen, sich den Stoff anzueignen und auf unterrichtstaugliche Gestalt herunterzubrechen. Wünschenswert wäre insbesondere eine konzise Einführung in Buchform gewesen. Diese Lücke möchte das vorliegende Bändchen schließen.

Daß die Nichtstandardanalysis Schülern einen intuitiveren und in vielen Rechnungen und Beweisen wesentlich einfacheren Zugang zur Differential- und Integralrechnung bietet als die Standardanalysis, ist schon vor Jahrzehnten vermutet worden, und mittlerweile unterrichten vielerorts Kollegen sehr erfolgreich auf dieser Grundlage. Ein Analysiskurs muß hier eben nicht mehr mit Folgen und Grenzwerten beginnen, sondern kann dank des Recheninstruments der – überraschend intuitionsfreundlichen – unendlich kleinen Zahlen unmittelbar mit dem Begriff der Ableitung loslegen. Die Ableitungsregeln sind ohne besondere Kunstgriffe direkt auszurechnen, und der Beweis des Hauptsatzes sowie die Ableitungen von Sinus und Kosinus ergeben sich fast von selbst, sobald man die untersuchte Situation anschaulich skizziert hat.

In den letzten Jahren sind mehrere neue Darstellungen erschienen, die sich in Auslegung und Zielsetzung deutlich unterscheiden: das Lehrbuch von Baumann/Kirski 2022 (1. Auflage 2019); die von Baumann/Bedürftig/Fuhrmann herausgegebene Lehrerhandreichung 2023 (1. Auflage 2021); der Überblick »Über die Elemente der Analysis« von Bedürftig/Baumann/Fuhrmann 2022. Anders als diese konzentriert sich der vorliegende Band, der dem angehenden Nichtstandardlehrer den einfachst- und schnellstmöglichen Einstieg bieten will, ausschließlich auf den Nichtstandard-Schulstoff, und zwar im engsten Sinne: Was sich vom herkömmlichen Standard-Zugang nicht unterscheidet, ist ebenso zum größten Teil weggelassen wie alles, was nicht zum Pflichtprogramm eines Analysiskurses gehört. Auch wird bewußt keine konkrete unterrichtliche Umsetzung vorgegeben — unbeschadet dessen, daß die Darstellungsweisen im einzelnen der praktischen Unterrichtserfahrung entstammen und sich dort schon vielfach bewährt haben. Lediglich zu den hyperreellen Zahlen, die in den gängigen Schulbüchern nicht vorkommen, liefert der Anhang einige Vorschläge für Übungsaufgaben.

Der so eingegrenzte Stoff wird dann jedoch vollständig erarbeitet, nirgends sind etwa wichtige Gedankenschritte durch Verweise auf die Literatur ersetzt. Der Leser soll in der Lage sein, sich das Buch an einigen Ferientagen ohne Vorkenntnisse und ohne weitere Hilfsmittel zu Gemüte zu führen und danach seinen eigenen Unterrichtsentwurf zu entwickeln. Vielleicht stößt diese in sich abgeschlossene Form der Darstellung auch noch bei weiteren Personenkreisen, wie Studenten, Schülern oder einfach interessierten Laien, auf Interesse. Für diesen Fall erläutert der zweite Teil des Anhangs denjenigen Lesern, die kein

Mathematikstudium absolviert haben, den für die Konstruktion der hyperreellen Zahlen zentralen Begriff der Äquivalenzklasse.

Die Anlage ist zweiteilig: Der erste Teil, »Unterrichtspraxis«, führt den Stoff in genau dem Umfang und der Tiefe vor, wie er in den Unterricht selbst Eingang finden kann. Wer nur dieses Kapitel liest (und natürlich mit dem üblichen Stoff eines standardbasierten Analysiskurses vertraut ist), weiß schon alles, was ein Schüler wissen muß, um für den Analysisteil einer Abiturprüfung vorbereitet zu sein. Da diese unterrichtsgemäße Aufbereitung mit Vereinfachungen und bewußt gelassenen Lücken einhergeht, liefert der zweite Teil, »Grundlagen«, eine knappe, aber vollständige Darstellung des theoretischen Unterbaus. Im ersten Teil finden sich in der Form »(→ II. 2)« gelegentlich explizite Verweise auf diese Darlegungen. Trotzdem ist der erste Teil auch allein aus sich heraus verständlich; man *muß* den Verweisen nicht folgen. Vielleicht wird der genaue Leser aber durch die Verkürzungen des ersten Teils neugierig auf die exakten Informationen des zweiten.

Die eine oder andere im Grundlagenteil vorgestellte Erkenntnis ist erstaunlich jung; obwohl die Nichtstandardanalysis, ganz anders als der Name suggeriert, im Grunde die ›eigentliche‹, ursprüngliche Analysis von Leibniz und Newton ist, sind manche Zusammenhänge erst in den letzten Jahren aufgedeckt worden. Die schon weit über hundert Jahre währende Konzentration auf die Grenzwertanalysis und die damit einhergehende Alleinherrschaft der reellen Zahlen hat hier ganz offensichtlich auch noch die einigermaßen naheliegenden Entdeckungen verhindert.

Auf der eingangs erwähnten Fortbildung referierten unter anderem Peter Baumann, Thomas Bedürftig, Thomas Kirski† und Karl Kuhlemann. Der Austausch mit diesen Kollegen während der Arbeit an der oben genannten Handreichung gab viele Anregungen auch für die hier vorgelegte Darstellung. Besonders herzlicher Dank geht dabei an Karl Kuhlemann, der eine vollständige Fassung des Manuskripts zur ersten Auflage durchsah und mit unbestechlichem Blick Ungenauigkeiten aufspürte und Fehler korrigierte, an Peter Baumann, der ebenfalls immer ein offenes Ohr für meine Fragen hatte, und an Thomas Bedürftig, dessen Ermutigungen dem Abschluß des Projekts sehr förderlich waren und dessen Gedanken an vielen Stellen Niederschlag gefunden haben.

Die zweite Auflage wurde gegenüber der ersten an einigen Stellen ergänzt, unter anderem um eine Skizze der Konstruktion der reellen Zahlen über die Dedekindschen Schnitte im Anhang sowie den Beweis der Existenz des Maximums auf einer mit einer hypernatürlichen Zahl indizierten Menge in II. 4. Der Überarbeitung kamen reichhaltige Verbesserungsvorschläge von Peter Baumann sowie noch einmal die unerschöpfliche Hilfsbereitschaft von Karl Kuhlemann zugute.

Für die dritte Auflage wurden der Beweis auf Seite 63 oben etwas gestrafft und eine kurze Vorstellung der Dezimalnotation hyperreeller Zahlen eingefügt; im übrigen unterscheidet sie sich nur um kleine Korrekturen von der zweiten.

Eine persönliche Anmerkung zum Schluß: Der Verfasser erinnert sich noch heute an einen Besuch seiner Familie beim Ehepaar Laugwitz in Darmstadt, wohl 1979 oder 1980. Der etwa zehnjährige Bub konnte zu der Zeit weder wissen, daß er dabei einem der Gründerväter der Nichtstandardanalysis begegnete, noch, daß er diese Fackel später einmal selbst ein kleines Stück weiterzutragen versuchen würde.

Lemberg (Pfalz), im Januar 2025 *Wilfried Lingenberg*

I. Unterrichtspraxis

1. Ableitung

Bei maximaler Beschleunigung des Hochgeschwindigkeitszugs ICE 3
aus dem Stand läßt sich die zurückgelegte Wegstrecke in Abhängigkeit
von der Zeit mit der Funktion $s = 0{,}6\,t^2$ beschreiben (s in Metern, t in
Sekunden). Welche Geschwindigkeit hat der Zug eine Minute nach
Abfahrt aus dem Bahnhof Montabaur erreicht?

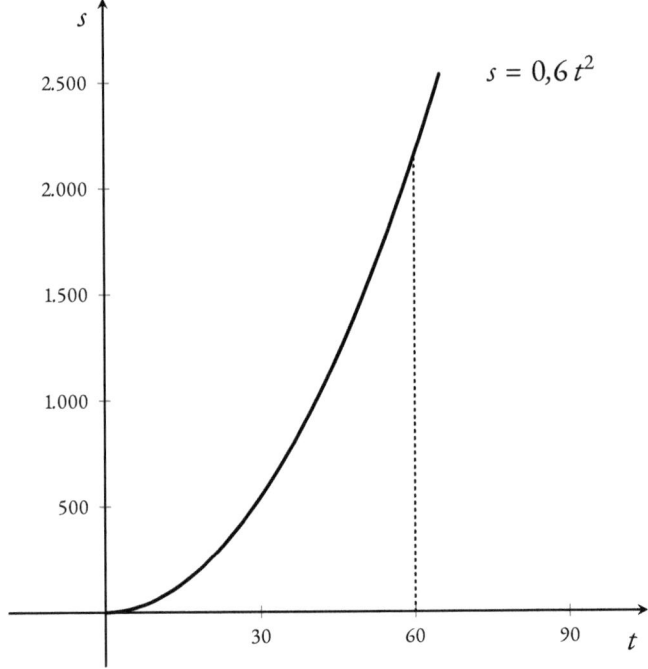

Geschwindigkeit ist Strecke pro Zeit. Eine Näherung für die gesuchte
Geschwindigkeit erhält man, wenn man die zurückgelegte Strecke einmal nach 60 Sekunden sowie noch einmal kurze Zeit später feststellt
und dann Weg- und Zeitdifferenz durcheinander teilt:

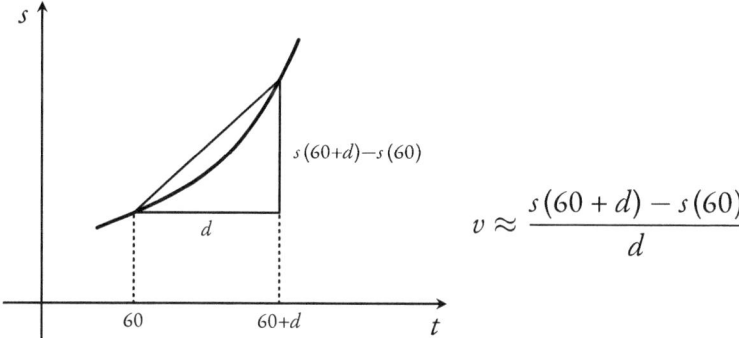

$$v \approx \frac{s\,(60 + d) - s\,(60)}{d}$$

Für $d = 2$ beispielsweise ergäbe sich $73{,}2 \, \frac{m}{s} = 263{,}52 \, \frac{km}{h}$.

Dieser Näherungswert wird aber sicher zu hoch liegen, da während des betrachteten Zeitabschnitts die Geschwindigkeit weiter angewachsen ist: Wir haben die Steigung der Hypotenuse des Dreiecks in der Skizze bestimmt, die Kurve tritt aber bei $t = 60$ in einem flacheren Winkel in das Dreieck ein. Bessere Näherungswerte erhält man, indem man die Zeitdifferenz verkleinert, also das Dreieck kleiner werden läßt. Wie kommt man nun zum genauen Wert? Eine Idee, die hier regelmäßig von Schülern geäußert wird, klingt nur für in Standardanalysis ausgebildete Lehrer widersinnig, wird tatsächlich aber nach einigen Gedankenschritten zu einer sehr sinnvollen Lösung führen: Das Dreieck muß *unendlich klein* werden.

Unendlich klein? Nun, daß weniger nicht reicht, ist offensichtlich, denn bei endlicher Verkleinerung krümmt sich die Kurve immer ins Dreieck hinein, hat also bei der linken Ecke ($t = 60$) eine geringere Steigung als die Hypotenuse des Dreiecks. In unendlich kleinem Maßstab hingegen müßte die Kurve geradlinig erscheinen und mit der Hypotenuse zusammenfallen ($\rightarrow$ II. 7.1); man kann hoffen, daß dann auch der Unterschied zwischen Näherungswert und genauer Momentangeschwindigkeit in irgendeiner Form vernachlässigbar wird.

Und tatsächlich gibt es geeignete unendlich kleine Zahlen, die wir hier zu $t = 60$ hinzuaddieren können. Genauer werden wir die später kennenlernen und beschränken uns hier erst einmal auf einen kleinen

---

Exkurs: Unendlich kleine Zahlen.

— I n f i n i t e s i m a l e Zahlen sind kleiner als jede positive reelle Zahl und größer als jede negative reelle Zahl.

— Bei den reellen Zahlen ist nur die Null infinitesimal; bei den h y - p e r r e e l l e n Zahlen gibt es infinitesimale Zahlen, die nicht Null sind.

— Mit hyperreellen Zahlen kann man rechnen wie mit reellen.

— Eine wichtige Recheneigenschaft: Das Produkt aus einer infinite-simalen und einer reellen Zahl ist infinitesimal.
(Unmittelbar einleuchtend, aber auch leicht zu beweisen: Sei $r \neq 0$ reell, $\alpha \neq 0$ infinitesimal. Aus $r \cdot \alpha = p$ folgt $\alpha = \frac{p}{r}$. Mit p wäre auch α reell, und $p = 0$ hieße $\alpha = 0$. Das Produkt p muß also wie α ›zwischen‹ der Null und den übrigen reellen Zahlen liegen.)

Da unsere hier benötigte unendlich kleine Zahl eine Differenz von $\underline{t}$-Werten angibt, nennen wir sie dt und berechnen damit noch einmal den Quotienten aus Weg- und Zeitunterschied. Statt $(dt)^2$ schreiben wir kurz dt^2:

$$\frac{s(60 + dt) - s(60)}{dt} = \frac{0{,}6 \cdot (60 + dt)^2 - 0{,}6 \cdot 60^2}{dt}$$

$$= \frac{0{,}6 \cdot (3600 + 120dt + dt^2) - 2160}{dt}$$

$$= \frac{2160 + 72dt + 0{,}6dt^2 - 2160}{dt}$$

$$= \frac{72dt + 0{,}6dt^2}{dt} = 72 + 0{,}6dt \,.$$

Wenn dt infinitesimal ist, ist auch $0{,}6dt$ infinitesimal, denn es handelt sich um ein Produkt »reell mal infinitesimal«; der Unterschied zwischen dem hier gefundenen Näherungswert und einer realen Geschwindigkeit von genau $72\frac{m}{s}$ ($= 259{,}2\frac{km}{h}$) ist also kleiner als jede positive reelle Zahl. Für alle praktischen Zwecke ist dann wahrscheinlich möglich und auch sinnvoll, diesen Unterschied, wie oben gewünscht, zu vernachlässigen: Ganz gleich, wie genau die Tachoanzeige im Führerstand ist, sie zeigt ausschließlich reelle Zahlen an und kann deshalb keinen anderen Wert als $259{,}2\frac{km}{h}$ ausgeben.

Verallgemeinerung

Für $f(x) = x^2$ und eine beliebige Stelle x ergäbe die gleiche Rechnung:

$$\frac{f(x + dx) - f(x)}{dx} = \frac{x^2 + 2\,x\,dx + dx^2 - x^2}{dx} = \frac{2\,x\,dx + dx^2}{dx}$$

$$= 2x + dx \simeq 2x \,.$$

Für $f(x) = x^3$:

$$\frac{x^3 + 3\,x^2\,dx + 3\,x\,dx^2 + dx^3 - x^3}{dx} = 3x^2 + 3\,x\,dx + dx^2 \simeq 3x^2 \,.$$

Dabei steht das Zeichen $\simeq$ für »ist gleich bis auf einen unendlich kleinen Unterschied«, kürzer gesprochen als: » i n f i n i t e s i m a l b e n a c h b a r t zu«.[1]

---

[1] Während im Druck das Zeichen ‚$\simeq$' üblich geworden ist, empfiehlt sich, für Tafel und Heftmitschrieb der Schüler das Zeichen ‚$\cong$' zu verwenden, um Verwechselungen mit dem normalen Gleichheitszeichen auszuschließen. Für »ungefähr gleich« bei Näherungswerten steht weiterhin ‚$\approx$' zur Verfügung.

Definition der Ableitung

Wir werden uns später vergewissern, daß sich unendlich kleine Zahlen mit den im Exkurs genannten Eigenschaften tatsächlich finden lassen, und halten jetzt schon folgende Definition fest:

> Wenn es zu einer Funktion f und einer Stelle x eine reelle Zahl a gibt, so daß für jede von Null verschiedene infinitesimale Zahl dx immer
>
> $$\frac{f(x + dx) - f(x)}{dx} \simeq a$$
>
> gilt, so heißt a die A b l e i t u n g v o n f a n d e r S t e l l e x , geschrieben $f'(x) = a$.
>
> Die Funktion f' : $x \mapsto f'(x)$ heißt die A b l e i t u n g v o n f .
>
> Eine Funktion, die eine Ableitung besitzt, heißt d i f f e r e n - z i e r b a r .

Schon aus dem Eingangsbeispiel ist anschaulich klar, daß die Ableitung die Steigung des Graphen (= Momentangeschwindigkeit, lokale Änderungsrate usw.) angibt. Darauf aufbauend, lassen sich wie im standardanalysisbasierten Unterricht die Techniken der Kurvendiskussion entwickeln: Lokales Extremum erfordert Steigung Null usw.

Differentialquotient

Ein mit beliebigem infinitesimalem $dx \neq 0$ gebildeter Bruch der Form

$$\frac{f(x + dx) - f(x)}{dx}$$

heißt ein D i f f e r e n t i a l q u o t i e n t von f.

Für den Zähler eines Differentialquotienten schreibt man auch kurz df, für den ganzen Differentialquotienten also $\frac{df}{dx}$. Aus der Definition

$$df := f(x + dx) - f(x)$$

ergibt sich unmittelbar die Gleichung

$$f(x + dx) = f(x) + df,$$

die für viele Rechnungen nützlich sein wird. Anschaulich:

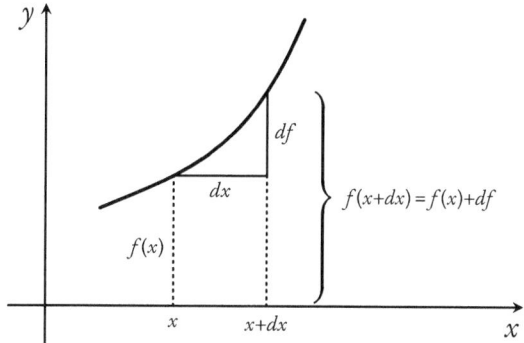

Man muß dabei in Erinnerung behalten, daß sich df nicht nur auf eine bestimmte Stelle x, sondern auch auf ein bestimmtes, im Kontext definiertes dx bezieht: df gibt die Änderung des Funktionswertes an, wenn sich das Argument um dx ändert.[2]

---

[2] Um die Terminologie klar von derjenigen der Standardanalysis abzugrenzen:
i) Während dort »Differentialquotient« letztlich gleichbedeutend mit »Ableitung« ist, können hier zu einer Funktion und einer Stelle unterschiedliche Differentialquotienten gebildet werden. Dieser Umstand kommt unten beim Beweis der Kettenregel zum Tragen.
ii) Der Bruch $\frac{df}{dx}$ (»df durch dx«) darf nicht mit dem Differentialoperator $\frac{df}{dx}$ (»df nach dx«) verwechselt werden, der Schülern beispielsweise in Form der Schreibweise $\frac{d}{dx}f$ für die Ableitung von f auf der Taschenrechnertastatur begegnen kann ($\rightarrow$ II. 1).

Wenn f differenzierbar ist, so ist mit dx notwendigerweise auch df infinitesimal, denn aus $\frac{df}{dx} \simeq f'(x)$ folgt $df \simeq f'(x) \cdot dx$. Rechts steht mit $f'(x) \cdot dx$ ein Produkt »reell mal infinitesimal«, also eine infinitesimale Zahl, und zu einer solchen können nur infinitesimale Zahlen infinitesimal benachbart sein.

Stetigkeit

Die Eigenschaft, daß zu einer unendlich kleinen Änderung des Arguments eine unendlich kleine Änderung des Funktionswertes gehört, tritt nicht nur bei differenzierbaren Funktionen auf und hat einen eigenen Namen:

> Eine Funktion heißt s t e t i g   a n   d e r   S t e l l e x, wenn sich bei infinitesimaler Änderung des Arguments auch der Funktionswert nur um eine infinitesimale Zahl ändert, also für jedes infinitesimale dx gilt:
>
> $$f(x + dx) \simeq f(x).$$

2. Ableitungsregeln

Die Regeln für die Ableitung rationaler Funktionen lassen sich im Nichtstandardkalkül durch vergleichsweise einfache Umformungen direkt ausrechnen; die in den Beweisen der Standardanalysis erforderlichen und für Schüler immer wieder mysteriösen ›Nulladditionen‹ entfallen. Lediglich bei der Kettenregel muß in einem Schritt ein (sehr einfacher) Eins-Term multipliziert werden. — Die Funktionen f und g sind im folgenden immer als differenzierbar vorausgesetzt.

i) *Faktorregel*:

$$\frac{d(c\cdot f)}{dx} = \frac{c\cdot f(x+dx) - c\cdot f(x)}{dx} = c\cdot\frac{f(x+dx) - f(x)}{dx}$$

$$\simeq c\cdot f'(x).$$

ii) *Summenregel*:

$$\frac{d(f+g)}{dx} = \frac{f(x+dx) + g(x+dx) - \big(f(x) + g(x)\big)}{dx}$$

$$= \frac{f(x+dx) - f(x)}{dx} + \frac{g(x+dx) - g(x)}{dx}$$

$$\simeq f'(x) + g'(x).$$

iii) Für die *Potenzregel* verallgemeinert man die oben schon für x^3 durchgeführte Rechnung mit Hilfe des binomischen Lehrsatzes:

$$\frac{d(x^n)}{dx} = \frac{(x+dx)^n - x^n}{dx}$$

$$= \frac{\binom{n}{0}x^n + \binom{n}{1}x^{n-1}dx + \binom{n}{2}x^{n-2}dx^2 + \cdots + \binom{n}{n}dx^n - x^n}{dx}$$

$$= \frac{x^n + n\,x^{n-1}dx + \binom{n}{2}x^{n-2}dx^2 + \cdots + dx^n - x^n}{dx}$$

$$= \frac{n\,x^{n-1}\,dx + \binom{n}{2} x^{n-2}\,dx^2 + \cdots + dx^n}{dx}$$

$$= n\,x^{n-1} + \binom{n}{2} x^{n-2}\,dx + \cdots + dx^{n-1}$$

$$\simeq n\,x^{n-1}.$$

iv) **Produktregel** (ab der dritten Zeile schreibe ich der Übersichtlichkeit zuliebe f statt $f(x)$ und g statt $g(x)$):

$$\frac{d(f \cdot g)}{dx} = \frac{f(x+dx) \cdot g(x+dx) - f(x) \cdot g(x)}{dx}$$

$$= \frac{\big(f(x)+df\big) \cdot \big(g(x)+dg\big) - f(x) \cdot g(x)}{dx}$$

$$= \frac{f \cdot g + f \cdot dg + df \cdot g + df \cdot dg - f \cdot g}{dx}$$

$$= \frac{f \cdot dg + df \cdot g + df \cdot dg}{dx}$$

$$= f \cdot \frac{dg}{dx} + \frac{df}{dx} \cdot g + df \cdot \frac{dg}{dx}$$

Da f und g differenzierbar sind, ist $\frac{dg}{dx} \simeq g'(x)$ und $\frac{df}{dx} \simeq f'(x)$. Des weiteren ist $df \cdot g'(x)$ als Produkt einer infinitesimalen und einer reellen Zahl selbst infinitesimal. Damit läßt sich weiter umformen:

$$\ldots \quad \simeq f \cdot g' + f' \cdot g + df \cdot g' \simeq f \cdot g' + f' \cdot g.$$

v) *Quotientenregel* (vorausgesetzt ist $g(x) \neq 0$; Kurzschreibung f und g wie oben bei der Produktregel):

$$\frac{d\left(\frac{f}{g}\right)}{dx} = \frac{\frac{f(x+dx)}{g(x+dx)} - \frac{f(x)}{g(x)}}{dx}$$

$$= \left(\frac{f+df}{g+dg} - \frac{f}{g}\right) : dx$$

$$= \frac{fg + g\,df - fg - f\,dg}{g^2 + g\,dg} : dx$$

$$= \frac{g\,df - f\,dg}{g^2 + g\,dg} : dx$$

$$= \frac{g\frac{df}{dx} - f\frac{dg}{dx}}{g^2 + g\,dg}$$

$g(x) \cdot dg$ im Nenner ist infinitesimal (da »reell mal infinitesimal«), und wie bei der Produktregel ergibt sich

$$\ldots \quad \simeq \quad \frac{g\frac{df}{dx} - f\frac{dg}{dx}}{g^2} \quad \simeq \quad \frac{g \cdot f' - f \cdot g'}{g^2} .$$

vi) *Kettenregel:* Wir setzen zunächst $dg \neq 0$ voraus (g habe also an den Stellen x und $x + dx$ unterschiedliche Funktionswerte):

$$\frac{d\left(f(g)\right)}{dx} = \frac{f\left(g(x + dx)\right) - f\left(g(x)\right)}{dx}$$

$$= \frac{f\left(g(x) + dg\right) - f\left(g(x)\right)}{dx}$$

Wegen der Differenzierbarkeit von g ist dg eine infinitesimale Zahl, mit der man einen Differentialquotienten von f bilden kann. Einen solchen erhält man, indem man den Bruch passend erweitert:

$$\ldots \quad = \frac{f\left(g(x) + dg\right) - f\left(g(x)\right)}{dx} \cdot \frac{dg}{dg}$$

$$= \frac{f\left(g(x) + dg\right) - f\left(g(x)\right)}{dg} \cdot \frac{dg}{dx}$$

Für jede infinitesimale Zahl, also auch für dg, ist der Differentialquotient von f infinitesimal benachbart zu f'. Zusammen mit $\frac{dg}{dx} \simeq g'(x)$ ergibt sich:

$$\ldots \quad \simeq f'\left(g(x)\right) \cdot g'(x).$$

Wenn anders als oben $dg = g(x + dx) - g(x) = 0$ ist, ändert g für das gewählte dx seinen Funktionswert nicht. In diesem Fall ist die Gleichung $\left(f(g)\right)' = f'(g) \cdot g'$ trivialerweise ebenfalls richtig, denn beide Seiten werden Null: Links ist

$$\left(f(g)\right)' \simeq \frac{f\left(g(x + dx)\right) - f\left(g(x)\right)}{dx} = \frac{f\left(g(x)\right) - f\left(g(x)\right)}{dx} = 0$$

und rechts $g'(x) \simeq \frac{dg}{dx} = 0$.

3. Die hyperreellen Zahlen

Die für die Ableitung benötigten unendlich kleinen Zahlen finden sich tatsächlich unter den hyperreellen Zahlen, die sich aus den reellen konstruieren lassen. Während man sich eine rationale Zahl aus zwei ganzen Zahlen ›baut‹ (nämlich, indem man diese in einen Bruch schreibt), braucht man für eine hyperreelle Zahl schon unendlich viele reelle Zahlen:

> Eine unendliche, mit den natürlichen Zahlen durchnumeriete Aneinanderreihung von Zahlen heißt eine F o l g e .
>
> Jede Folge reeller Zahlen beschreibt eine h y p e r r e e l l e Z a h l .
>
> Die Menge der hyperreellen Zahlen wird mit $^{*}\mathbb{R}$ bezeichnet (gesprochen: »Stern R«).

Aufgeschrieben werden Folgen, indem man die Zahlen, durch Strichpunkte getrennt, in Klammern einschließt, wobei die unendliche Fortsetzung durch Punkte angedeutet wird.

Konstante Folgen ergeben reelle Zahlen; die Rechenarten werden gliedweise definiert. Die reelle Rechnung $1 + 2 = 3$ sieht, in hyperreellen Zahlen geschrieben, so aus:

$$(1; 1; 1; \ldots) + (2; 2; 2; \ldots) = (1 + 2;\ 1 + 2;\ 1 + 2;\ \ldots)$$
$$= (3; 3; 3; \ldots).$$

Die Folgen müssen keinerlei spezielle Eigenschaften erfüllen; auch

$$(1; 2; 3; 4; \ldots) \cdot (2; 3; 4; 5; \ldots) = (2; 6; 12; 20; \ldots)$$

ist eine sinnvolle Rechnung (in der selbstverständlich keine reelle Zahl mehr auftaucht). Die hyperreelle Zahl $(1; 2; 3; 4; \ldots)$ wird mit Ω bezeichnet, und dieselbe Rechnung läßt sich dann beispielsweise auch als

$$\Omega \cdot (\Omega + 1) = \Omega^2 + \Omega = (1^2 + 1;\ 2^2 + 2;\ 3^2 + 3;\ \ldots)$$

$$= (2; 6; 12; \ldots)$$

notieren. Die Umformung $\Omega \cdot (\Omega + 1) = \Omega^2 + \Omega$ veranschaulicht dabei ein wichtiges Prinzip: Wenn man die ausführliche Folgenschreibweise durch kurze Symbole ersetzt $\big($hier $(1; 2; 3; \ldots) =: \Omega$ und $(1; 1; 1; \ldots) =: 1\big)$, gelten für diese Symbole wieder dieselben Rechenregeln wie für reelle Zahlen.

Wenn sich das einzelne Folgenglied nach einer festen Formel aus der Platznummer berechnen läßt, schreibt man auch allein diese Formel in die Klammern. In der Folge für $\Omega + 1$ berechnet sich das n-te Folgenglied a_n als $n + 1$, daher kann man schreiben:

$$\Omega + 1 = (2; 3; 4; 5; \ldots) = (n + 1).$$

So wie verschiedene Brüche dieselbe rationale Zahl beschreiben können (Beispiel: $\frac{1}{3}$ und $\frac{2}{6}$), können auch verschiedene Folgen dieselbe hyperreelle Zahl beschreiben. Die genauen Regeln ($\rightarrow$ II. 2) werden im Unterricht nicht gebraucht, es reicht der Hinweis, daß beim Vergleich zweier hyperreeller Zahlen das Verhalten von lediglich endlich vielen Folgengliedern keine Rolle spielt (im Hinblick auf gelegentliche Sonderfälle empfiehlt sich zu erwähnen, daß die Umkehrung nicht gilt: Zwei zur selben hyperreellen Zahl gehörende Folgen können sich auch in unendlich vielen Gliedern unterscheiden)[3].

---

3 Eine genauere, aber immer noch unterrichtstaugliche Formulierung könnte lauten: »Wenn sich zwei Folgen auf einer unendlich großen Menge von Platznummern unterscheiden, gilt: Entweder diese Menge selbst oder ihr Komplement

Die Folgen $(1; 17; 3; 4; 5; 6; 7; 8; \dots)$ und $(0; 2; -\pi; 4; 5; 6; 7; 8; \dots)$ beschreiben also beide dieselbe hyperreelle Zahl, nämlich Ω. So wie man einen Bruch kürzen darf (und soll), um die einfachstmögliche Schreibweise zu erhalten, wird man in einer hyperreellen Zahl gegebenenfalls endlich viele Folgenglieder abändern und beispielsweise $(1; 2; 3; 4; 5; 6; 7; 8; \dots)$ statt $(0; 2; -\pi; 4; 5; 6; 7; 8; \dots)$ notieren. Die Regel, daß das Verhalten von endlich vielen Gliedern keine Auswirkung hat, gilt dabei nicht nur für die Gleichheit, sondern auch für die Anordnung: Wenn $a_n \leq b_n$ nur für endlich viele n, so ist die hyperreelle Zahl (a_n) größer als (b_n).

In dieser Konstruktion läßt sich nun die Existenz von Zahlen mit den eingangs geforderten zwei Eigenschaften leicht verifizieren: Die durch $\left(\frac{1}{n}\right)$ beschriebene hyperreelle Zahl ist *größer als Null* (da jedes Folgenglied größer als Null ist) und *kleiner als jede positive reelle Zahl* (da jede konstante positive Folge nur in den ersten endlich vielen Folgengliedern kleiner oder gleich $\frac{1}{n}$ sein kann). Wir nennen diese wichtige hyperreelle Zahl ω.

Eigenschaften hyperreeller Zahlen

Zahlen, die kleiner als jede positive und größer als jede negative reelle Zahl sind, heißen i n f i n i t e s i m a l . Nur die Null ist sowohl

---

ist vernachlässigbar (das Komplement besteht aus genau den Zahlen in $\mathbb{N}$, die *nicht* in der Menge liegen; und ›entweder … oder‹ bedeutet: ›nicht beides und nicht keins von beiden‹). Wenn sowohl Menge als auch Komplement unendlich sind, darf man sich zu Anfang einmal aussuchen, welches man vernachlässigt, danach müßte man immer an dieser Wahl festhalten. Die Folge $(1; 0; 1; 0; \dots)$ beschreibt also entweder die gleiche hyperreelle Zahl wie $(1; 1; 1; 1; \dots)$ oder wie $(0; 0; 0; 0; \dots)$, denn entweder die Menge der geraden Zahlen oder die der ungeraden ist vernachlässigbar. Da es in der Praxis nie auf die konkrete Wahl ankommt, kann man sich die Mühe des Aussuchens auch gleich sparen.«

reell als auch infinitesimal. Die Kehrwerte der von Null verschiedenen infinitesimalen Zahlen sind unendlich große Zahlen und heißen i n f i n i t ; der Kehrwert von $\left(\frac{1}{n}\right)$ ist die Folge (n), und der dadurch definierten hyperreellen Zahl hatten wir oben schon den Namen Ω gegeben: $\Omega = \frac{1}{\omega}$. Zahlen, die nicht infinit sind, heißen f i n i t . Eine Folge, die ausschließlich natürliche Zahlen enthält, definiert eine h y - p e r n a t ü r l i c h e   Z a h l . Für finite, insbesondere infinitesimale Zahlen werden meistens kleine griechische Buchstaben verwendet $(\omega, \alpha, \beta, \xi \ldots$; gängige Ausnahme: dx, dt usw.$)$, für reelle Zahlen lateinische Klein-, für infinite griechische Großbuchstaben $(\Omega, \Gamma, \Xi, \ldots$; für hypernatürliche Zahlen auch N, M, $\ldots$).

Jede finite Zahl läßt sich in eindeutiger Weise als Summe einer reellen und einer infinitesimalen Zahl schreiben ($\rightarrow$ II. 3.7). Die reelle Zahl in dieser Summe heißt S t a n d a r d t e i l der hyperreellen Zahl, geschrieben: $\mathrm{st}(r + \alpha) = r$. Die Ableitung ist also Standardteil eines Differentialquotienten: $f'(x) = \mathrm{st}\left(\frac{df}{dx}\right)$. Zwei Zahlen, die sich nur um einen infinitesimalen Abstand unterscheiden, für die also $\alpha \simeq \beta$ gilt, heißen i n f i n i t e s i m a l   b e n a c h b a r t .

Die hyperreellen Zahlen sind totalgeordnet ($\rightarrow$ II. 3.2) und lassen sich deshalb auf einer Zahlengeraden darstellen. Einen einheitlichen Maßstab, der reelle und infinite Zahlen (oder infinitesimale und reelle) gleichzeitig sichtbar macht, kann es jedoch nicht geben: In einem reellen Maßstab liegen alle infiniten Zahlen unendlich weit rechts oder links; in einem Maßstab, der infinite Zahlen in sichtbare Entfernung holt, rücken alle reellen Zahlen in die infinitesimale Nähe der Null. Die folgende Skizze, die die vier wichtigen Typen hyperreeller Zahlen veranschaulicht, deutet den Wechsel des Maßstabs durch eine gestrichelte Linie an:

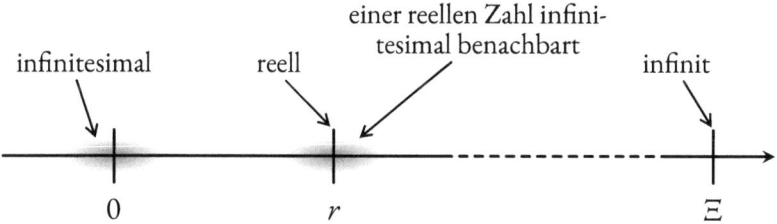

(Korrekt, aber nicht empfehlenswert wäre, auch für die ›Wölkchen‹ infinitesimal benachbarter Zahlen um eine reelle Zahl herum, die sogenannten »Monaden«, einen geänderten Maßstab zu kennzeichnen.)

Wir hatten oben schon überlegt, daß das Produkt einer infinitesimalen und einer reellen Zahl infinitesimal ist (→ II. 3.6); weitere Rechenregeln überlegt man sich bei Bedarf leicht selbst. Vorsicht ist dabei insoweit geboten, als nicht alle Fälle im allgemeinen schon festgelegt sind. Der Quotient zweier infinitesimaler Zahlen kann z. B. infinitesimal, reell oder infinit sein: Mit α ist auch α^2 infinitesimal, und $\frac{\alpha^2}{\alpha} = \alpha$ ist infinitesimal, $\frac{\alpha}{\alpha} = 1$ reell und $\frac{\alpha}{\alpha^2} = \frac{1}{\alpha}$ infinit. Beim Beweis der Produktregel war deshalb der Bruch $\frac{df \cdot dg}{dx}$ (infinitesimal durch infinitesimal) erst zu $df \cdot \frac{dg}{dx}$ umzuformen und die vorausgesetzte Differenzierbarkeit von f und g zu benutzen, bevor klar war, daß sich ein Produkt »infinitesimal mal reell«, also eine infinitesimale Zahl ergeben hatte.

[Übungsaufgaben für den Unterricht zu diesem Thema unten im Anhang.]

4. Integral

Um den Einstieg möglichst einfach zu halten, formulieren wir zunächst eine Definition des Integrals, die nur für oberhalb der x-Achse

liegende Funktionsgraphen brauchbar ist, und verallgemeinern diese
erst bei späterer Gelegenheit.

Das *Integral von a bis b über f(x)*, geschrieben

$$\int_a^b f(x)\, dx,$$

ist der Inhalt der Fläche zwischen Funktionsgraph und x-Achse
über dem Intervall [a; b].

---

dx hat zwar, wie wir bald sehen werden, auch hier ursprünglich einen
infinitesimalen Zuwachs eines x-Werts beschrieben, ist im Zusammenhang mit dem Integralzeichen aber nur noch ein bloßes Symbol, das
angibt, nach welcher Variablen integriert wird ($\rightarrow$ II. 1, II. 8). In dieser
Bedeutung wird es auch in der Standardanalysis verwendet.

Sehr einfache Integrale lassen sich anhand einer Skizze elementar-
geometrisch bestimmen:

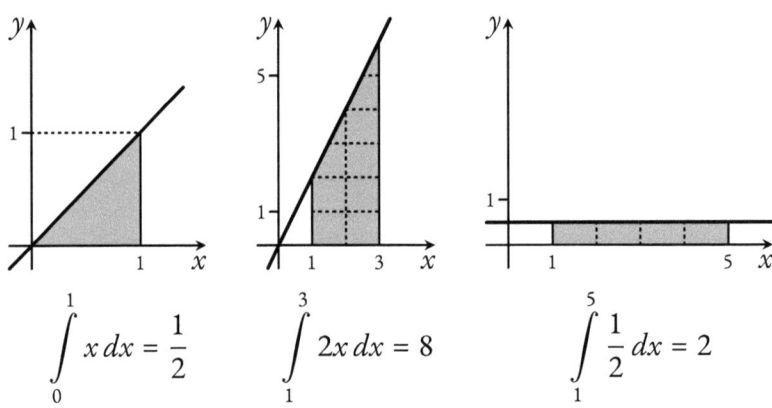

$$\int_0^1 x\, dx = \frac{1}{2} \qquad \int_1^3 2x\, dx = 8 \qquad \int_1^5 \frac{1}{2}\, dx = 2$$

Bei nicht geradlinigen Graphen ist das im allgemeinen nicht mehr möglich.

Zur Berechnung des Integrals der Funktion $f(x) = x^2$ über $[0; b]$ wird die Fläche unter der Funktion durch eine Überdeckung mit trapezförmigen Streifen gleicher Breite angenähert:

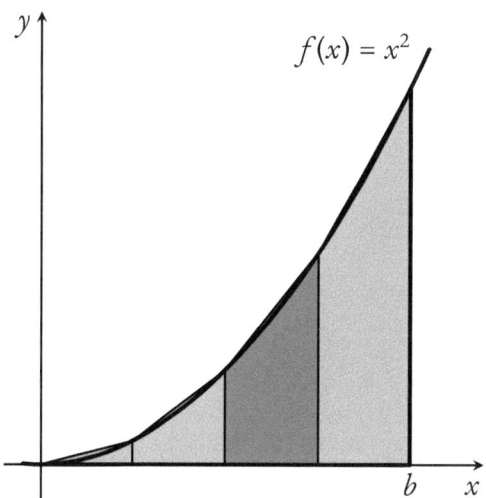

Bei einer Zerlegung in n Streifen hat der einzelne Streifen die Breite $\frac{b}{n}$. Für endliches n bleibt im Ergebnis der Flächenberechnung ein reeller Fehler, denn die geradlinigen Oberkanten der Trapeze weichen vom genauen Kurvenverlauf ab. Wie bei der Ableitung darf man hoffen, daß dieser Fehler vernachlässigbar wird, sobald der Abstand der x-Werte, also die Breite der Trapeze, unendlich klein gewählt wird ($\rightarrow$ II. 7.2). Dafür braucht man statt einer endlichen natürlichen Zahl n eine unendlich große hypernatürliche Zahl N. Die Breite dx eines Trapezstreifens beträgt dann $\frac{b}{N}$.

Der Flächeninhalt eines Trapezes ist $m \cdot h$, wobei m für die Mittelparallele steht, die sich als Mittelwert der parallelen Seiten a und c errechnet: $m = \frac{1}{2}(a + c)$. Die Seiten a und c des bei x beginnenden Zerlegungsstreifens betragen $f(x)$ und $f(x + dx)$. Wenn wir wieder df als Kurzschreibung für $f(x + dx) - f(x)$ benutzen, erhalten wir für die Mittelparallele:

$$\frac{1}{2}\Big(f(x) + f(x + dx)\Big) = \frac{1}{2}\Big(f(x) + f(x) + df\Big)$$

$$= \frac{1}{2}\Big(f(x) + f(x)\Big) + \frac{1}{2}df$$

$$= f(x) + \frac{1}{2}df$$

$$\simeq f(x).$$

Die Höhe h jedes Trapezes ist dx; der bei x beginnende Trapezstreifen hat also bis auf einen infinitesimalen Rest den Inhalt $f(x) \cdot dx$. Der erste Trapezstreifen hat Flächeninhalt 0 und kann unberücksichtigt bleiben. Der zweite Streifen beginnt bei $1 \cdot dx$, der letzte bei $(N-1) \cdot dx$; für die Fläche des zweiten ist dann $f(1 \cdot dx) \cdot dx$ anzusetzen, für die des letzten $f\big((N-1) \cdot dx\big) \cdot dx$. Als Summe ergibt sich:

$$\sum_{k=1}^{N-1} f(k\,dx) \cdot dx = \sum_{k=1}^{N-1} k^2\,dx^2 \cdot dx$$

$$= \sum_{k=1}^{N-1} k^2 \cdot dx^3$$

$$= \sum_{k=1}^{N-1} k^2 \cdot \frac{b^3}{N^3}$$

$$\left[\sum_{k=1}^{n} k^2 = \frac{n \cdot (n+1) \cdot (2n+1)}{6} \right] \qquad = \frac{(N-1) \cdot N \cdot (2N-1)}{6} \cdot \frac{b^3}{N^3}$$

$$= \frac{(N-1) \cdot (2N-1)}{6N^2} \cdot b^3$$

$$= \frac{2N^2 - 3N + 1}{6N^2} \cdot b^3$$

$$= \left(\frac{1}{3} - \frac{1}{2N} + \frac{1}{6N^2} \right) \cdot b^3$$

$$\simeq \frac{1}{3} b^3 .$$

Der zweite und dritte Bruch der vorletzten Zeile sind Kehrwerte infiniter Zahlen, also infinitesimal. Unabhängig von der Wahl des hypernatürlichen N beträgt der reelle Anteil der Summe dann $\frac{1}{3}b^3$.

Daß die Formel für $\sum k^2$ auch bei hypernatürlichen Zahlen benutzt werden kann, liegt daran, daß sie sich aufgrund der gliedweisen Definition der Rechenarten unmittelbar von einzelnen reellen Zahlen auf ganze Folgen überträgt ($\rightarrow$ II. 4. i).

Rechenregeln für Integrale

Die ersten zwei Regeln ergeben sich unmittelbar aus der Anschauung:

$$1. \qquad \int_a^a f(x)\,dx = 0\,;$$

$$2. \qquad \int_a^b f(x)\,dx \; + \int_b^c f(x)\,dx \; = \int_a^c f(x)\,dx\,;$$

$$3. \qquad \int_b^a f(x)\,dx \; = \; -\int_a^b f(x)\,dx\,.$$

Die dritte Regel folgt aus den ersten beiden, denn $\int_b^a + \int_a^b \overset{2.}{=} \int_b^b \overset{1.}{=} 0$.

Die dritte Regel ist jedoch nur sinnvoll, wenn Integrale auch negativ sein können. Damit wird klar, daß die beim Einstieg benutzte Definition zu einfach formuliert war, denn Flächeninhalte sind nie negativ. Es reicht aber beispielsweise, den »Flächeninhalt« in der Definition durch einen »orientierten Flächeninhalt« zu ersetzen und festzulegen, daß dieser ein negatives Vorzeichen erhält, wenn

— entweder die obere Grenze kleiner ist als die untere

(*Beispiel*: $\int\limits_{1}^{0} x^2\,dx = -\frac{1}{3}$)

— oder der Funktionsgraph unterhalb der x-Achse liegt

(*Beispiel*: $\int\limits_{0}^{1} -x^2\,dx = -\frac{1}{3}$).

Bei Funktionsgraphen, die teils über, teils unter der x-Achse liegen, wird die betrachtete Fläche in geeignete Teilflächen zerlegt. Damit ist eine Definition gefunden, die für alle im Unterricht behandelten Funktionen brauchbar ist.

5. Hauptsatz

Der Nachweis, daß die Ableitung der Integralfunktion der Integrand ist, erfordert in der Standardanalysis ein kunstvolles Jonglieren mit Formeln, das für den Schulunterricht, sehr vorsichtig ausgedrückt, wenig Gewinn bringt. In der Nichtstandardanalysis ergibt sich die Aussage mit wenigen und einfachen Umformungen, die zudem sehr klar den eigentlichen Kern des Zusammenhangs beschreiben: *Der Wert der Funktion bestimmt den momentanen Zuwachs der unter dem Graphen liegenden Fläche.*

Sei also $I_a(x)$ die übliche Integralfunktion –

$$I_a(x) := \int\limits_a^x f(t)\,dt$$

– und dx eine beliebige, von Null verschiedene infinitesimale Zahl.[4] Um die Ableitung von I_a zu ermitteln, setzen wir den Differentialquotienten an:

$$\frac{dI_a}{dx} = \frac{I_a(x+dx) - I_a(x)}{dx}.$$

Der Zähler dI_a beschreibt gerade den Flächenzuwachs von x bis $x+dx$, denn

$$dI_a = I_a(x+dx) - I_a(x) = \int\limits_a^{x+dx} f(t)\,dt - \int\limits_a^{x} f(t)\,dt = \int\limits_x^{x+dx} f(t)\,dt\,,$$

anschaulich skizziert:

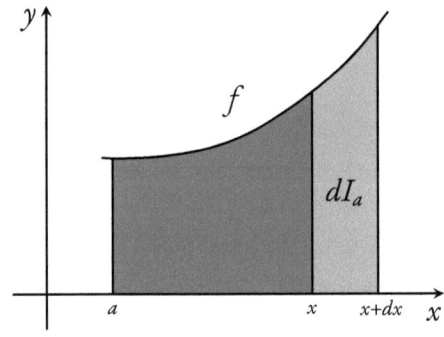

Wie oben bei der Herleitung des Integrals über x^2 kann man das Flächenstück dI_a als Trapezfläche mit dem Inhalt

$$\frac{1}{2}\big(f(x) + f(x + dx)\big) \cdot dx$$

ansehen; der dabei gemachte infinitesimale Fehler ist für die Rechnung unerheblich ($\rightarrow$ II. 7.2). Wir dürfen schreiben:

$$\frac{dI_a}{dx} \simeq \frac{\frac{1}{2}\big(f(x) + f(x + dx)\big) \cdot dx}{dx}$$

$$= \frac{1}{2}\big(f(x) + f(x + dx)\big)$$

$$= \frac{1}{2}\big(f(x) + f(x) + df\big)$$

$$= f(x) + \frac{1}{2}df$$

$$\simeq f(x).$$

Nach Definition der Ableitung bedeutet das:

$$I_a{}'(x) = f(x).$$

6. Die Ableitungen von Sinus und Kosinus

Anders als im Standardzugang lassen sich nichtstandardbasiert die Ableitungen der Sinus- und der Kosinusfunktion allein auf schulbekannte Konzepte gestützt herleiten, sogar ziemlich leicht.

$\cos(x)$ und $\sin(x)$ sind Abszisse und Ordinate des Punktes auf dem Einheitskreis mit der Segmentbogenlänge x. Wenn zum Segmentbogen ein (hier positiv gedachtes) infinitesimales dx addiert wird, ändert sich die Abszisse um $d\cos$, die Ordinate um $d\sin$. Im ersten Quadranten und bei infiniter Vergrößerung des Skizzenausschnitts entsteht folgendes Bild:

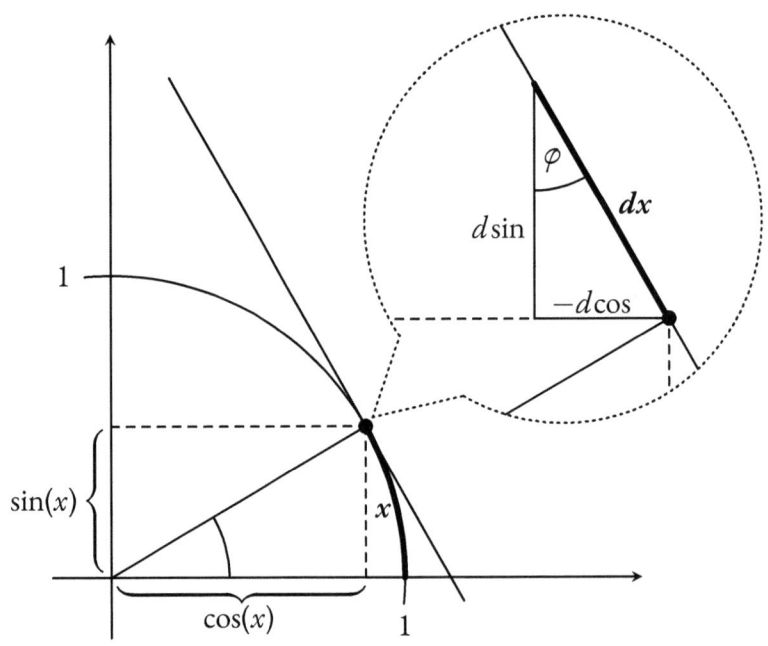

In einem unendlich großen Maßstab, in dem dx sichtbar wird, wird
die Krümmung des Einheitskreises unsichtbar, und die Kreislinie ist
in der Ausschnittskizze nicht mehr von der Tangente an den Kreis
im Punkt $(\cos x \mid \sin x)$ zu unterscheiden; es erscheint ein rechtwink-
liges Dreieck, dessen Hypotenuse bis auf einen infinitesimalen Fehler
mit dx übereinstimmt ($\rightarrow$ II. 7.3). Der mit φ beschriftete Winkel in
diesem Dreieck ist gleich groß wie der zur Bogenlänge x gehörende
Ursprungswinkel, denn die Tangente steht senkrecht auf dem Berühr-
radius und die rechtwinkligen Dreiecke am Ursprung und im Ausschnitt sind ähnlich. Bezogen auf φ ist $d\sin$ die Länge der Ankathete.
Im ersten Quadranten fällt der Kosinus mit wachsendem Argument;
$d\cos$ ist also negativ, und die positive Länge der Gegenkathete beträgt $-d\cos$. Eventuelle Fehler bei den Kathetenlängen bleiben wie
bei der Hypotenuse infinitesimal ($\rightarrow$ II. 7.3). Nach den elementaren
Definitionen der trigonometrischen Funktionen gilt

$$\frac{d\sin}{dx} \simeq \cos\varphi = \cos x$$

und

$$\frac{-d\cos}{dx} \simeq \sin\varphi = \sin x\,, \quad \text{also} \quad \frac{d\cos}{dx} \simeq -\sin x\,.$$

In den übrigen drei Quadranten ändern sich teilweise die Vorzeichen
in den Ansätzen sowie die Beziehungen von φ zu x; das Ergebnis ist
jedoch immer dasselbe ($\rightarrow$ II. 7.3), und man erhält zusammenfassend:

$$\sin' = \cos \quad \text{und} \quad \cos' = -\sin\,.$$

7. Ableitung der Exponentialfunktionen

Sei $f(x) = a^x$ die Exponentialfunktion zu einer positiven Basis a.
Daß der Graph von a^x stetig, ohne Knickstellen und ohne senkrechte
Tangenten ist, soll uns als Begründung ausreichen, daß eine Ableitung
der Funktion existieren muß. Wir setzen einen Differentialquotienten
an:

$$\frac{d(a^x)}{dx} = \frac{a^{x+dx} - a^x}{dx} = \frac{a^x \cdot a^{dx} - a^x}{dx} = \frac{a^{dx} - 1}{dx} \cdot a^x$$

$$= \frac{a^{0+dx} - a^0}{dx} \cdot a^x.$$

Der letzte Bruch ist ein Differentialquotient von f an der Stelle 0
und deshalb zu $f'(0)$ infinitesimal benachbart. Die Ableitung einer
Exponentialfunktion unterscheidet sich also nur um den konstanten
Faktor $f'(0)$ von der Funktion selbst:

$$f'(x) = f'(0) \cdot f(x).$$

Ist dieser Faktor Eins, sind Funktion und Ableitung sogar identisch.
Wir ermitteln zunächst die hyperreelle Basis α, für die $\frac{a^{dx}-1}{dx}$ Eins wird,
wenn wir $dx = \omega = \frac{1}{\Omega}$ wählen (jedes infinitesimale dx führt bei einer
differenzierbaren Funktion zum selben Standardteil des Differential-
quotienten): $(\alpha^{\frac{1}{\Omega}} - 1) \cdot \Omega = 1$, aufgelöst nach α, ergibt $\alpha = \left(1 + \frac{1}{\Omega}\right)^{\Omega}$.
Definiert man nun die E u l e r s c h e Z a h l als

$$e := \mathrm{st}\left(\left(1 + \frac{1}{\Omega}\right)^{\Omega}\right) = \mathrm{st}(2;\, 2{,}25;\, 2{,}\overline{370};\, \dots),$$

so hat die dazugehörige Exponentialfunktion die schöne Eigenschaft
$\left(e^x\right)' = e^x$ ($\rightarrow$ II. 3.5 Anm. 8). Die Berechnung höherer Folgenglie-
der, etwa $1{,}000001^{1.000.000} = 2{,}718280\dots$ oder $1{,}0000001^{10.000.000} = 2{,}718281\dots$, legt e $\approx 2{,}71828$ nahe.

Der Logarithmus zur Basis e wird als »natürlicher Logarithmus«, kurz »ln«, bezeichnet. Damit, und unter Anwendung der Kettenregel, kann eine allgemeine Formel für die Ableitung von a^x angegeben werden:

$$\left(a^x\right)' = \left(\left(e^{\ln a}\right)^x\right)' = \left(e^{x \cdot \ln a}\right)' = e^{x \cdot \ln a} \cdot \ln a = a^x \cdot \ln a \,.$$

8. Grenzwert

Lehrpläne und Zentralabitur machen bis auf weiteres die Beschäftigung mit Konvergenz und Grenzwert unvermeidlich. Immerhin kann sie jetzt zu einem beliebigen Zeitpunkt, auch ganz am Ende eines Analysiskurses, erfolgen, und der Rückgriff auf die schon im Zusammenhang der hyperreellen Zahlen eingeführten Begriffe macht den Umgang mit Grenzwerten leichter. Durch die in $^*\mathbb{R}$ definierten Rechenarten, die unterschiedslos für konvergente wie für divergente Folgen gelten, werden die klassischen Grenzwertsätze sogar ganz überflüssig.[5]

Seit der Einführung der hyperreellen Zahlen ist bekannt:

> Eine unendliche, mit den natürlichen Zahlen durchnumerierte Aneinanderreihung von Zahlen heißt eine F o l g e .

Beim Aufbau von $^*\mathbb{R}$ wurde eine reelle Folge einfach statisch als eine Zahl betrachtet, mit der man nach bestimmten Regeln rechnen

---

[5] Den Grenzwert auf Nichtstandardgrundlage zu unterrichten ist mit den Lehrplänen aller deutschen Bundesländer vereinbar: P. BAUMANN, *Lehrplanvorgaben der Bundesländer*, in: BAUMANN/BEDÜRFTIG/FUHRMANN, 95–104.

konnte. Manchmal liegt aber auch nahe, Folgen dynamisch als Entwicklungen zu interpretieren, etwa in folgendem

Beispiel: Das erste Glied einer Folge (a_n) sei Eins, danach wird immer der Abstand zur Zwei halbiert.

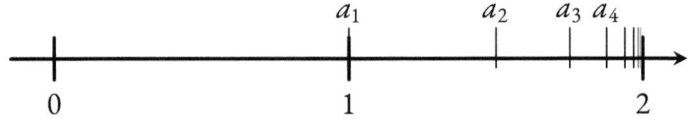

Die ersten Folgenglieder sind:

$a_1 = 1$

$a_2 = 1,5$

$a_3 = 1,75$

$a_4 = 1,875$

$a_5 = \ldots$

Als Formel:

$a_n = a_{n-1} + \left(\frac{1}{2}\right)^{n-1}$ (rekursiv) oder

$a_n = 2 - \frac{1}{2^{n-1}}$ (explizit).

Es ist anschaulich klar, daß sich die Folgenglieder immer weiter der Zwei annähern und ihr beliebig nahe kommen. Für diesen Fall gibt es eigene Bezeichnungen.

> Man sagt:
>
>   »Der G r e n z w e r t der Folge (a_n) ist Zwei« oder
>   »Die Folge (a_n) s t r e b t g e g e n Zwei« oder
>   »Die Folge (a_n) k o n v e r g i e r t gegen Zwei«.

Man schreibt

$$\lim_{n \to \infty} (a_n) = 2 \,,$$

gesprochen: »Der Limes für n gegen unendlich von (a_n) ist 2.«

Eine Folge, die keinen Grenzwert hat, heißt d i v e r g e n t .

Für Konvergenz und Grenzwert gelten folgende Regeln ($\to$ II. 9):

Eine Folge divergiert, wenn sie (a) unbeschränkt ist oder (b) sich in Teilfolgen zerlegen läßt, die hyperreelle Zahlen mit unterschiedlichen Standardteilen beschreiben.

Beispiel für (b): $\big((-1)^n\big) = (-1; 1; -1; 1; \dots)$; die geradzahligen Folgenglieder bilden die Folge $(1; 1; 1; \dots)$ mit Standardteil 1, die ungeradzahligen die Folge $(-1; -1; -1; \dots)$ mit Standardteil -1.

In allen anderen Fällen ist die Folge konvergent, und es gilt:

1. Der Grenzwert ist identisch mit dem Standardteil.
2. Wenn eine explizite Formel in Abhängigkeit von n gegeben ist, läßt sich der Grenzwert ermitteln, indem man für n eine infinite hypernatürliche Zahl N einsetzt und vom Ergebnis den Standardteil bestimmt.

Beispiele

Viele Schulbuchaufgaben zur Grenzwertbestimmung werden durch hypernatürliche Einsetzungen geradezu banal einfach:

a) Wenn man in die oben betrachtete Folge $(a_n) = \left(2 - \frac{1}{2^{n-1}}\right)$ ein infinites N einsetzt, erhält man

$$a_N = 2 - \frac{1}{2^{N-1}} \simeq 2 \,,$$

denn $2^{N-1} = \frac{1}{2} \cdot 2^N$ ist infinit und $\frac{1}{2^{N-1}}$ demzufolge infinitesimal.

Wenn der Folgenterm ein Bruch ist, läßt sich über Konvergenz und Grenzwert häufig erst entscheiden, nachdem man Zähler und Nenner durch die höchste auftretende Potenz von N dividiert hat:

b) $(b_n) = \left(\frac{3n^3 + 2n^2 + 1}{4n^3 + n} \right)$:

$$b_N = \frac{3N^3 + 2N^2 + 1}{4N^3 + N} = \frac{3 + \frac{2}{N} + \frac{1}{N^3}}{4 + \frac{1}{N^2}} \simeq \frac{3 + 0 + 0}{4 + 0} = \frac{3}{4},$$

also $\lim\limits_{n \to \infty} (b_n) = \frac{3}{4}$.

Die Beziehung ‚$\simeq$' im vorletzten Schritt gilt deshalb, weil die Bildung des Standardteils mit den Grundrechenarten vertauschbar ist ($\to$ II. 3.7. ii).

c) $(c_n) = \left(\frac{2n^4 + 3n}{n^2} \right)$:

$$c_N = \frac{2N^4 + 3N}{N^2} = \frac{2 + \frac{3}{N^3}}{\frac{1}{N^2}}.$$

Der Zähler des letzten Bruchs ist finit (nämlich reell plus infinitesimal), der Nenner infinitesimal, der ganze Bruch also infinit; die hyperreelle Zahl hat keinen Standardteil, und die Folge (c_n) ist divergent.

Man hätte hier auch anders umformen, nämlich mit N^2 kürzen können:

$$c_N = \frac{2N^4 + 3N}{N^2} = 2N^2 + \frac{3}{N}.$$

Die Summe »infinit plus infinitesimal« ist infinit und hat keinen Standardteil.

Schließlich noch ein Beispiel für das Teilfolgenkriterium:

d) $(d_n) = (n \bmod 3) = (1; 2; 0; 1; 2; 0; 1; 2; 0; \dots)$:
Die Folge läßt sich in naheliegender Weise in zwei oder drei Teilfolgen zerlegen; eine Zerlegung in zwei Teilfolgen reicht schon:
Auf den durch drei teilbaren Platznummern entsteht die Teilfolge $(0; 0; 0; \dots)$ mit dem Standardteil 0, auf den übrigen die
Folge $(1; 2; 1; 2; 1; 2; \dots)$, die als Standardteil nur 1 oder 2,
jedenfalls nicht 0 haben kann (vgl. oben I. 3 Anm. 3). (d_n) ist
divergent.

Grenzwert von Funktionen

In der Nichtstandardanalysis kann der Grenzwert von Funktionen
ohne Rückgriff auf den Folgengrenzwert definiert werden:

> Die reelle Zahl a heißt G r e n z w e r t   d e r   F u n k -
> t i o n f a n   d e r   S t e l l e $x_0 \in \mathbb{R}$, wenn für jedes in-
> finitesimale, von Null verschiedene dx gilt: $f(x_0 + dx) \simeq a$.
> Man schreibt: $\lim_{x \to x_0} f(x) = a$.

Die Verbindung zur schon im Gefolge der Differenzierbarkeit eingeführten Stetigkeit ist offensichtlich: Eine Funktion ist genau dann
stetig an der Stelle x_0, wenn dort Grenzwert und Funktionswert übereinstimmen.

In der Standardanalysis muß eigens begründet werden, daß ein
Grenzwert existiert, wenn rechts- und linksseitiger Grenzwert existieren und übereinstimmen. Mit der Nichtstandarddefinition ist bereits
trivialerweise der Nachweis für alle dx erbracht, wenn positive und
negative dx zum selben Ergebnis geführt hatten; vgl. unten Beispiel c).

Die Definition läßt sich auf uneigentliche Grenzwerte erweitern:

Die Funktion f hat a n d e r S t e l l e $x_0 \in \mathbb{R}$ d e n
u n e i g e n t l i c h e n G r e n z w e r t ∞ $[-\infty]$, wenn
für jedes infinitesimale, von Null verschiedene dx der Funktionswert $f(x_0 + dx)$ infinit und positiv [negativ] ist.
Man schreibt: $\lim\limits_{x \to x_0} f(x) = \infty$ $[\lim\limits_{x \to x_0} f(x) = -\infty]$.

Die reelle Zahl a heißt u n e i g e n t l i c h e r G r e n z -
w e r t d e r F u n k t i o n f f ü r $x \to \infty$ $[x \to -\infty]$,
wenn für jedes positive [negative] infinite Ξ gilt: $f(\Xi) \simeq a$.
Man schreibt: $\lim\limits_{x \to \infty} f(x) = a$ $[\lim\limits_{x \to -\infty} f(x) = a]$.

Beispiele

Im folgenden ist dx immer infinitesimal und von Null verschieden.
Die ersten drei Beispiele gehen der Frage »Was ist 0^0?« nach.

a) $\lim\limits_{x \to 0} \left(x^0 \right) = 1$, denn $(0 + dx)^0 = dx^0 = 1$.

b) $\lim\limits_{x \to 0} (0^x) = 0$, denn $0^{0+dx} = 0^{dx} = 0$ für $dx > 0$. (Die Funktion
0^x ist nur auf $\mathbb{R}^+$ definiert.)

c) Sei $f(x) = |x|^x$ auf $\mathbb{R} \setminus \{0\}$, also

$$f(x) = \begin{cases} e^{x \ln x} & \text{für } x > 0, \\ e^{x \ln(-x)} & \text{für } x < 0. \end{cases}$$

Für positives dx ist $e^{dx \ln dx} \simeq e^0 = 1$; für negatives dx und
$\overline{dx} := -dx$ ist $e^{dx \ln(-dx)} = e^{-\overline{dx} \ln \overline{dx}} = \frac{1}{e^{\overline{dx} \ln \overline{dx}}} \simeq \frac{1}{e^0} = 1$. Insge-
samt erhält man damit $\lim\limits_{x \to 0} (|x|^x) = 1$.

(Vorausgesetzt wird, daß $x \ln x \xrightarrow[x \to 0]{} 0$ [also $dx \ln dx \simeq 0$] bereits bekannt ist, z. B. weil dieses Verhalten bei der Behandlung des natürlichen Logarithmus schon erwähnt wurde.)

Durch die Festlegung $0^0 := 1$ wird f also zu einer auf ganz $\mathbb{R}$ stetigen Funktion fortgesetzt. Differenzierbar ist diese Fortsetzung allerdings nicht mehr, der Graph hat an der Stelle 0 eine senkrechte Tangente:

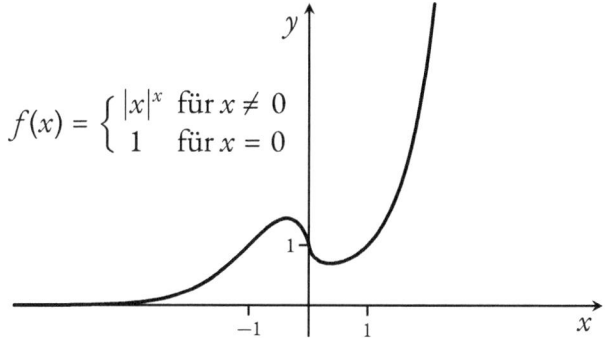

$$f(x) = \begin{cases} |x|^x & \text{für } x \neq 0 \\ 1 & \text{für } x = 0 \end{cases}$$

d) $\lim\limits_{x \to 0} \left(\frac{1}{x^2} \right) = \infty$, denn $\frac{1}{(0+dx)^2} = \frac{1}{dx^2}$ ist als Kehrwert einer infinitesimalen, positiven Zahl infinit und positiv.

e) Wenn man uneigentliche Integrale mit der Grenze ∞ als uneigentliche Grenzwerte von Integralfunktionen definiert, ist

$$\int\limits_0^\infty e^{-x}\, dx := \lim\limits_{b \to \infty} \int\limits_0^b e^{-x}\, dx.$$

Sei Ξ eine beliebige positive infinite hyperreelle Zahl. Dann ist

$$\int\limits_0^\Xi e^{-x}\, dx = \left[-e^{-x} \right]_0^\Xi = -e^{-\Xi} + e^0 = 1 - \frac{1}{e^\Xi} \simeq 1,$$

denn für jedes positive infinite Ξ ist e^Ξ ebenfalls infinit und $\frac{1}{e^\Xi}$ infinitesimal. Das uneigentliche Integral hat den Wert 1.

Natürlich kann man derartige uneigentliche Integrale auch direkt mit Hilfe infiniter Grenzen und ohne den Umweg über den Grenzwertbegriff definieren:

$$\int\limits_a^\infty f(x)\,dx := \text{st}\left(\int\limits_a^\Xi f(x)\,dx\right),$$

falls für jedes positive infinite Ξ das rechte Integral finit ist und denselben Standardteil besitzt.

II. Grundlagen

1. Zur Schreibweise *dx*

Obwohl dies schon im Teil I, dem Unterrichtsgang, an verschiedenen Stellen gesagt wurde, schadet vielleicht nicht, noch einmal klar heraus-zustellen, welche Bedeutungen »*dx*« in unseren Zusammenhängen annehmen kann und welche nicht:

- Hinter einem Integralzeichen ist *dx* wie in der Standardanalysis ein Symbol zur Angabe der Integrationsvariablen (vgl. unten II. 8 dazu).
- Überall sonst ist *dx* eine zweibuchstabige Variable, die ausschließ-lich für infinitesimale Zahlen verwendet wird.

Dagegen hat *dx* hier nie die Bedeutung des Differentials, das in der Standardanalysis gelegentlich benutzt wird; und der Bruch $\frac{df}{dx}$ (»*df* durch *dx*«) ist vom Differentialoperator $\frac{\mathrm{d}f}{\mathrm{d}x}$ (»d*f* nach d*x*«) wesent-lich verschieden.[6]

2. Konstruktion der hyperreellen Zahlen

Erst um 1960 wurde entdeckt, daß man unendlich kleine Zahlen, wie sie im Infinitesimalkalkül von Leibniz und Newton gebraucht wur-den, nicht nur axiomatisch fordern, sondern auch algebraisch kon-struieren kann. Ausgehend von der Menge der reellen Folgen, liefert diese Konstruktion die Menge *$^*\mathbb{R}$* der *hyperreellen Zahlen*, die auch Elemente kleiner als jede positive reelle Zahl, aber größer als Null enthält. Wir stellen die Konstruktion hier der mathematischen Voll-

---

[6] Historisch geht die Bezeichnung *dx*, ebenso wie das Integralzeichen, auf Gott-fried Wilhelm Leibniz zurück (BEDÜRFTIG/MURAWSKI/KUHLEMANN 220f).

ständigkeit zuliebe dar; im Unterricht wird man sie kaum in jedem Schritt nachvollziehen wollen.

Vorab ein Vergleich: Der axiomatische Aufbau der komplexen Zahlen beginnt mit einem widersinnig klingenden Postulat: Was wäre, wenn es eine Zahl i gäbe, deren Quadrat −1 beträgt? Man überlegt sich, wie mit dieser Zahl gerechnet würde, und gelangt schließlich zum Körper $\mathbb{C}$ der komplexen Zahlen. Dabei wird man jedoch nie das nur durch seine kontraintuitive Eigenschaft erklärte, im übrigen aber inhaltslos gebliebene Symbol i los. Alternativ läßt sich aber auch ausschließlich auf Grundlage schon bekannter Konzepte aus der Algebra ein Körper konstruieren, der dieselben Eigenschaften wie $\mathbb{C}$ hat, nämlich die Menge der 2×2-Matrizen der Gestalt $\left(\begin{smallmatrix} a & -b \\ b & a \end{smallmatrix}\right)$ mit $a, b \in \mathbb{R}$. Ein neues Symbol wird hier nicht benötigt, die grundlegenden Eigenschaften (bis hin zur Differenzierbarkeit von Funktionen) ergeben sich mit nur geringem Aufwand, und wenn man jede reelle Zahl a mit der Matrix $\left(\begin{smallmatrix} a & 0 \\ 0 & a \end{smallmatrix}\right)$ identifiziert, zeigt einem die Gleichung $\left(\begin{smallmatrix} 0 & -1 \\ 1 & 0 \end{smallmatrix}\right)^2 = \left(\begin{smallmatrix} -1 & 0 \\ 0 & -1 \end{smallmatrix}\right)$, daß man in der Matrix $\left(\begin{smallmatrix} 0 & -1 \\ 1 & 0 \end{smallmatrix}\right)$ ein Element mit der eingangs gewünschten Eigenschaft gefunden hat. Diese Eigenschaft ist dabei *a priori* vorhanden und muß nicht mehr axiomatisch gefordert werden.

Verglichen mit diesem algebraischen Aufbau der komplexen Zahlen, ist die Konstruktion des Körpers der hyperreellen Zahlen jedoch deutlich komplizierter und führt auch nicht zu einem eindeutigen Ergebnis. Ob beispielsweise die reelle Folge $(0; 1; 0; 1; 0; 1; \dots)$ der hyperreellen Null oder der hyperreellen Eins entspricht, ist nicht im Allgemeinen festgelegt (andere Entsprechungen als Null oder Eins sind allerdings ausgeschlossen).

Vorgehensweise

Als Grundlage werden wir in drei Schritten eine genaue Vorstellung von den zukünftigen Körperelementen entwickeln: a) Zunächst werden wir sehen, daß die reellen Folgen als Einzelelemente nicht taugen werden, sondern wir sie zu Äquivalenzklassen zusammenfassen müssen. Man wird also nicht verlangen dürfen, daß zwei Folgen nur dann äquivalent sind, wenn ihre Folgenglieder auf allen Platznummern, also auf ganz $\mathbb{N}$ übereinstimmen, sondern die Übereinstimmung auf einer hinreichend großen Teilmenge von $\mathbb{N}$ muß bereits für Äquivalenz sorgen. b) Wir werden überlegen, unter welchen Bedingungen eine Menge von Platznummern als »hinreichend groß« gelten kann; dabei sind die Forderungen so zu stellen, daß die Eigenschaften einer Äquivalenzrelation von vornherein erfüllt sind. c) Schließlich wird sich zeigen, daß die Elemente eines sogenannten »Ultrafilters über $\mathbb{N}$« diese Forderungen erfüllen. Der – etwas aufwendige – Nachweis der Existenz solcher Ultrafilter macht es möglich, abschließend die eigentliche Definition der hyperreellen Zahlen zu formulieren.

In einem weiteren Abschnitt stellen wir einige wichtige Eigenschaften der neuen Zahlenmenge zusammen. Es wird sich ergeben, daß sie nicht nur die gewünschten unendlich kleinen Elemente enthält, sondern auch ein angeordneter Körper ist, in den sich die reellen Zahlen mitsamt ihren Verknüpfungen und ihrer Anordnung einbetten lassen.

Die neuen Körperelemente

a) Wir gehen von der Menge der reellen Folgen sowie gliedweise definierter Addition und Multiplikation aus: Für $(a_n), (b_n) \in \mathbb{R}^{\mathbb{N}}$ wird $(a_n) + (b_n) := (a_n + b_n)$ und $(a_n) \cdot (b_n) := (a_n \cdot b_n)$ gesetzt. Zu den von uns verlangten Körpereigenschaften gehört unter anderem die

Nullteilerfreiheit. Als additive Null kommt nur die Folge $(0; 0; 0; \ldots)$ in Frage, und die Rechnung

$$(0; 1; 0; 1; 0; \ldots) \cdot (1; 0; 1; 0; 1; \ldots) = (0; 0; 0; 0; 0; \ldots)$$

zeigt, daß in unserer fertigen Konstruktion mindestens eine der beiden Folgen $(0; 1; 0; 1; 0; \ldots)$ und $(1; 0; 1; 0; 1; \ldots)$ ebenfalls als Null aufzufassen sein wird. Das bedeutet erstens, daß einfache Folgen als Körperelemente ungeeignet sind und wir stattdessen Äquivalenzklassen bilden müssen, zweitens aber auch, daß der oben im Unterrichtsgang angedeutete Ansatz, »zwei Folgen sind äquivalent, wenn sie sich in höchstens endlich vielen Folgengliedern unterscheiden«, nicht ausreichen wird, denn beide Faktorenfolgen in der obigen Rechnung sind an unendlich vielen Stellen von Null verschieden.

Unser nächstes Ziel ist, eine Definition der Art »Zwei Folgen sind äquivalent, wenn ihre Werte auf einer hinreichend großen Menge von Platznummern übereinstimmen« zu formulieren; was »hinreichend groß« bedeutet, müssen wir Schritt für Schritt entwickeln.

b) Die erste Eigenschaft einer Äquivalenzrelation ist die *Reflexivität*: Jedes Element ist äquivalent zu sich selbst. Zwei Folgen, die an allen Stellen übereinstimmen, müssen also äquivalent sein; das bedeutet, $\mathbb{N}$ selbst ist hinreichend groß. Des weiteren soll die leere Menge nicht hinreichend groß sein; andernfalls fielen alle Folgen in eine einzige Äquivalenzklasse, weil sie an keiner Stelle übereinstimmen müßten, um äquivalent zu sein.

Die *Symmetrie* einer Äquivalenzrelation macht uns hier keine Schwierigkeiten, oder anders gesagt: liefert uns keine neuen Erkenntnisse über die »hinreichende Größe« einer Platznummernmenge. Eine sehr naheliegende Forderung an eine hinreichend große Menge ist aber: Wenn zu einer hinreichend großen Menge weitere Zahlen hinzugenommen werden, soll die erweiterte Menge erst recht als hinreichend groß gelten.

Die *Transitivität* – also die Eigenschaft, daß mit (a_n) und (b_n) sowie (b_n) und (c_n) auch (a_n) und (c_n) äquivalent sind – läßt sich sichern, indem wir verlangen, daß die Schnittmenge zweier hinreichend großer Mengen wieder hinreichend groß ist. Denn wenn (a_n) und (b_n) auf einer Menge I_{ab} übereinstimmen sowie (b_n) und (c_n) auf I_{bc}, so stimmen (a_n) und (c_n) mindestens auf $I_{ab} \cap I_{bc}$ überein.

Schließlich werden wir noch verlangen, daß immer entweder eine Menge selbst oder ihr Komplement hinreichend groß ist. Das wird uns in Fällen wie dem eingangs angegebenen Beispiel helfen: Entweder $(0; 1; 0; 1; \ldots)$ oder $(1; 0; 1; 0; \ldots)$ hat äquivalent zu $(0; 0; 0; 0; \ldots)$ zu sein, also muß gesichert sein, daß entweder die Menge der geraden oder die der ungeraden natürlichen Zahlen hinreichend groß ist.

c) Zusammenfassend wurde in b) gefordert:
   i) $\mathbb{N}$ ist hinreichend groß, die leere Menge nicht.
   ii) Jede Obermenge einer hinreichend großen Menge ist hinreichend groß.
   iii) Der Schnitt zweier hinreichend großer Mengen ist hinreichend groß.
   iv) Entweder eine Menge oder ihr Komplement ist hinreichend groß.

Die ersten drei Eigenschaften beschreiben gerade ein System von Teilmengen, das beispielsweise die Topologie einen *Filter über* $\mathbb{N}$ nennt; ein Filter, der auch die vierte Eigenschaft erfüllt, heißt ein *Ultrafilter*.

Die erste – wie schon gesagt, nicht erfolgreiche – Idee war, alle Mengen als hinreichend groß anzusehen, die ein nur endliches Komplement haben. Man verifiziert schnell, daß dieses Mengensystem durchaus einen Filter bildet: i) $\mathbb{N}$ hat ein endliches Komplement, die leere Menge nicht; ii) wenn man zu einer Menge Elemente hinzufügt, werden diese dem Komplement entnommen, das Komplement der Obermenge ist also erst recht endlich; iii) das Komplement des Schnitts zweier Mengen ist die Vereinigung deren (endlicher) Komplemente, also selbst auch endlich. Die Ultrafiltereigenschaft iv) ist jedoch nicht erfüllt: Die Menge der geraden und die der ungeraden Zahlen bilden ein Gegenbeispiel, sie sind komplementär zueinander und haben beide ein unendliches Komplement; weder die eine noch die andere gehört also zu unserem Filter.

Es läßt sich aber zeigen, daß jeder Filter zu einem Ultrafilter erweitert werden kann. Der Beweis benutzt das zum Auswahlaxiom äquivalente Zornsche Lemma.

Vom Filter zum Ultrafilter

> *Zornsches Lemma*: Hat in einer teilgeordneten Menge M jede totalgeordnete Teilmenge eine obere Schranke in M, so gibt es in der Menge ein maximales Element, also ein Element m mit der Eigenschaft: Aus $x \geq m$ folgt $x = m$ für jedes $x \in M$.

Das Lemma läßt sich auf die Menge aller Filter über $\mathbb{N}$ anwenden: Diese Menge ist durch die Teilmengenbeziehung ‚$\subseteq$' teilgeordnet, und jede totalgeordnete Teilmenge hat eine obere Schranke, nämlich die Vereinigung aller in ihr enthaltenen Filter. Zu zeigen ist dafür lediglich, daß diese Vereinigung selbst wieder ein Filter ist, denn die obere Schranke muß ja ein Element der gegebenen Menge sein. Die Filtereigenschaften i) und ii) übertragen sich direkt von den einzelnen Filtern auf die Vereinigung; zu Eigenschaft iii) (Enthaltensein aller

Schnitte): Seien I_1 und I_2 zwei Teilmengen von $\mathbb{N}$, die in der Vereinigung enthalten seien. Dann gibt es in der totalgeordneten Teilmenge zwei Filter $\mathcal{F}_1$ und $\mathcal{F}_2$, so daß $I_1 \in \mathcal{F}_1$ und $I_2 \in \mathcal{F}_2$. Wegen der Totalordnung ist einer der beiden Filter Obermenge des anderen; dieser enthält sowohl I_1 als auch I_2 und nach Filtereigenschaft iii) auch deren Schnitt. Dieser Schnitt liegt dann auch in der eben konstruierten Vereinigung, und die Vereinigung erfüllt die Filtereigenschaft iii).

Damit ist die Voraussetzung gegeben, die nach dem Zornschen Lemma die Existenz eines maximalen Elements in der Menge aller Filter über $\mathbb{N}$ sicherstellt. Dabei ist ein Filter »maximal«, wenn es keinen weiteren Filter gibt, der eine echte Obermenge dieses Filters wäre.

Mit dieser Bedingung ist aber auch schon die Ultrafiltereigenschaft iv) erfüllt. Zum Beweis dessen zeigt man zunächst, daß ein Filter, dem die Ultrafiltereigenschaft fehlt, nicht maximal sein kann: Sei M eine beliebige nichtleere, echte Teilmenge der natürlichen Zahlen, $\overline{M}$ ihr Komplement und $\mathcal{F}$ ein Filter, der weder M noch $\overline{M}$ enthält. Man bildet ein neues Mengensystem $\widetilde{\mathcal{F}}$, indem zu $\mathcal{F}$

— die Menge M,
— alle Schnitte von M mit den bereits in $\mathcal{F}$ enthaltenen Mengen sowie
— alle Obermengen dieser Schnitte

hinzugefügt werden. Wir zeigen, daß $\widetilde{\mathcal{F}}$ wieder ein Filter ist:

Da $\overline{M}$ nicht in $\mathcal{F}$ enthalten war (und wegen Filtereigenschaft ii) auch keine Teilmenge von $\overline{M}$), kann die leere Menge als Schnitt nicht entstehen. Filtereigenschaft i) bleibt also für $\widetilde{\mathcal{F}}$ erhalten.

Eigenschaft ii) ist bereits durch die Konstruktion von $\widetilde{\mathcal{F}}$ erfüllt (M selbst tritt, als $M \cap \mathbb{N}$, auch als Schnitt auf, die Obermengen von M wurden also mit hinzugefügt). Für Eigenschaft iii) zeigen wir:

1. Der Schnitt zweier hinzugefügter Schnitte liegt in $\widetilde{\mathcal{F}}$: Seien I_1 und I_2 zwei Mengen aus $\mathcal{F}$. Dann wurden die Schnitte $I_1 \cap M$ und $I_2 \cap M$ hinzugefügt, und wegen der ›Assoziativität‹ der Schnittmengenbildung gilt $(I_1 \cap M) \cap (I_2 \cap M) = (I_1 \cap I_2) \cap M$. Diese Menge war aber ebenfalls schon hinzugefügt worden, denn $I_1 \cap I_2$ liegt in $\mathcal{F}$.

2. Der Schnitt zweier hinzugefügter Obermengen liegt in $\widetilde{\mathcal{F}}$: Mit I_1 und I_2 wie eben seien O_1 eine Obermenge zu $I_1 \cap M$ und O_2 eine solche zu $I_2 \cap M$. Der Schnitt beider Obermengen enthält mindestens die Elemente von $I_1 \cap I_2 \cap M$, ist also Obermenge eines der Schnitte, die bereits hinzugefügt worden waren.

3. Der Schnitt einer hinzugefügten Obermenge mit einer $\mathcal{F}$-Menge liegt in $\widetilde{\mathcal{F}}$: O sei eine Obermenge zu $I_1 \cap M$ und I_2 eine beliebige Menge aus $\mathcal{F}$. Wie eben unter 2. enthält der Schnitt der Obermenge mit I_2 mindestens die Elemente von $I_1 \cap I_2 \cap M$.

4. Der Schnitt einer hinzugefügten Obermenge mit einem hinzugefügten Schnitt liegt in $\widetilde{\mathcal{F}}$: Der Schnitt einer Obermenge zu $I_1 \cap M$ mit $I_2 \cap M$ enthält mindestens die Elemente von $I_1 \cap I_2 \cap M$.

5. Der Schnitt eines hinzugefügten Schnitts mit einer $\mathcal{F}$-Menge liegt in $\widetilde{\mathcal{F}}$, denn $(I_1 \cap M) \cap I_2 = I_1 \cap I_2 \cap M$ wurde schon hinzugefügt.

Damit ist $\widetilde{\mathcal{F}}$ tatsächlich ein Filter, aber auch eine echte Obermenge von $\mathcal{F}$, denn M war in $\mathcal{F}$ nicht enthalten. Also war $\mathcal{F}$ kein maximales Element.

Umgekehrt bedeutet das: Ist M eine Teilmenge von $\mathbb{N}$ und $\overline{M}$ ihr Komplement, so muß ein maximaler Filter mindestens eine der beiden Mengen enthalten. Beide kann er nicht enthalten, da sonst auch deren Schnitt, die leere Menge, enthalten sein müßte, was Fil-

tereigenschaft i) widerspräche. Er enthält also genau eine der beiden
Mengen und erfüllt damit die Ultrafiltereigenschaft: Die maximalen
Filter, deren Existenz aufgrund des Zornschen Lemmas gewährleistet
ist, sind Ultrafilter.

Dieser Beweis zeigt zugleich, daß sich der oben gefundene Filter der
Mengen mit endlichem Komplement zu einem Ultrafilter erweitern
läßt, indem man für alle unendlichen Teilmengen mit unendlichem
Komplement entweder die Teilmenge selbst oder ihr Komplement
mitsamt den erforderlichen Schnitten und Obermengen in der im
Beweis beschriebenen Weise hinzufügt. (*Endliche* Teilmengen mit
unendlichem Komplement können dagegen in den Filter nicht auf-
genommen werden, da sie mit den schon vorhandenen Mengen mit
endlichem Komplement leere Schnitte erzeugen würden.)

Dabei ist allerdings nur die Existenz nachgewiesen; einen Ultrafilter auch konkret anzugeben, ist im allgemeinen nicht möglich, und
eindeutig ist die Konstruktion schon gar nicht: Für jede hinzuzufü-
gende Menge kann ja zwischen ihr selbst und ihrem Komplement
ausgewählt werden.

Für unser Eingangsbeispiel bedeutet das: Wir werden am Ende
zwar sicher sein, daß entweder die Menge der geraden Zahlen oder die
der ungeraden als hinreichend groß gelten kann; welche von beiden
es ist, ist jedoch nicht *a priori* festgelegt, sondern könnte durch pas-
sende Auswahl des Ultrafilters frei entschieden werden. Im Rahmen
dieses Buches wird eine Festlegung auf das eine oder andere nirgends
erforderlich.

Vom Ultrafilter zu $^*\mathbb{R}$

Nun ist die Definition der hyperreellen Zahlen möglich geworden.
Wir erweitern den zunächst gefundenen Filter, das System der Teil-

mengen von $\mathbb{N}$ mit nur endlichem Komplement, zu einem Ultrafilter $\mathcal{U}$ und definieren eine Äquivalenzrelation $\sim$ dadurch, daß zwei Folgen äquivalent sind, wenn die Menge der Platznummern, auf der sie übereinstimmen, zum Ultrafilter $\mathcal{U}$ gehört. Formal:

$$(a_n) \sim (b_n) :\Leftrightarrow \{n \in \mathbb{N} \mid a_n = b_n\} \in \mathcal{U} \,.$$

Jede von dieser Relation induzierte Äquivalenzklasse

$$[(a_n)]_\sim := \left\{ (x_n) \in \mathbb{R}^{\mathbb{N}} \,\middle|\, (x_n) \sim (a_n) \right\}$$

nennen wir eine *hyperreelle Zahl*; die Menge aller hyperreellen Zahlen bezeichnen wir mit $^*\mathbb{R}$ (»Stern R«).

Die Verknüpfungen werden über einzelne Repräsentanten definiert:

$$[(a_n)]_\sim + [(b_n)]_\sim := [(a_n) + (b_n)]_\sim := [(a_n + b_n)]_\sim \;;$$
$$[(a_n)]_\sim \cdot [(b_n)]_\sim := [(a_n) \cdot (b_n)]_\sim := [(a_n \cdot b_n)]_\sim \,.$$

Diese Definition ist unabhängig von der Wahl der Repräsentanten: Die Folgen $(\hat{a}_n)$ und $(\bar{a}_n)$ aus $[(a_n)]_\sim$ sowie $(\hat{b}_n)$ und $(\bar{b}_n)$ aus $[(b_n)]_\sim$ stimmen jeweils auf einer $\mathcal{U}$-Menge überein, ihre Summen $(\hat{a}_n + \hat{b}_n)$ und $(\bar{a}_n + \bar{b}_n)$ sowie ihre Produkte $(\hat{a}_n \cdot \hat{b}_n)$ und $(\bar{a}_n \cdot \bar{b}_n)$ demzufolge auf dem Schnitt der beiden $\mathcal{U}$-Mengen, der selbst eine $\mathcal{U}$-Menge ist. Also liegen beide Summen in einer gemeinsamen Äquivalenzklasse; ebenso beide Produkte.

Es ist deshalb auch ohne weiteres zulässig, eine hyperreelle Zahl statt mit $[(a_n)]_\sim$ einfach mit (a_n) zu bezeichnen — wie man ja auch eine rationale Zahl regelmäßig in der Form $\frac{2}{3}$ angibt, statt präzise $\left[\frac{2}{3}\right]_\sim$ (mit $\frac{a}{b} \sim \frac{c}{d} :\Leftrightarrow ad = bc$) oder gar $\left\{ \frac{2z}{3z} \mid z \in \mathbb{Z} \setminus \{0\} \right\}$.[7]

---

[7] Die Konstruktion der rationalen Zahlen wird unten im zweiten Teil des Anhangs etwas ausführlicher vorgestellt.

3. Wichtige Eigenschaften von *$\mathbb{R}$

Im folgenden begründen wir die zum größeren Teil schon aus dem Unterrichtsgang bekannten Eigenschaften noch einmal aus der eben entwickelten Definition der hyperreellen Zahlen heraus. Da es hier nur um die präzise Grundlegung geht, verlassen wir den Plauderton und führen die Beweise teils lehrbuchartig kurz, teils – in den leicht einsichtigen Fällen – gar nicht.

1. *$\mathbb{R}$ ist ein Körper.

Zum Beweis rechnet man die einzelnen Körpereigenschaften nach oder erinnert sich an Ergebnisse aus der Algebra: $\mathbb{R}^{\mathbb{N}}$ ist ein kommutativer Ring mit Einselement und $[(0)]_\sim$ darin ein maximales Ideal; der Quotientenring $\mathbb{R}^{\mathbb{N}}/[(0)]_\sim$ ist dann ein Körper. Da zwei Folgen genau dann äquivalent sind, wenn ihre Differenz eine zu (0) äquivalente Folge ist, ist $\mathbb{R}^{\mathbb{N}}/[(0)]_\sim = \mathbb{R}^{\mathbb{N}}/_\sim = $ *$\mathbb{R}$.

2. Auf *$\mathbb{R}$ ist eine Anordnung definiert: Die Beziehung

$$(a_n) \leq (b_n) :\Leftrightarrow \{n \in \mathbb{N} \mid a_n \leq b_n\} \in \mathcal{U}$$

setzt sich – wie oben die Verknüpfungen – auf die jeweiligen Äquivalenzklassen $[(a_n)]_\sim$ und $[(b_n)]_\sim$ fort, da der Schnitt zweier $\mathcal{U}$-Mengen wieder in $\mathcal{U}$ liegt. Die Ultrafiltereigenschaft stellt die Totalordnung sicher, also die Tatsache, daß für zwei hyperreelle Zahlen $[(a_n)]_\sim$ und $[(b_n)]_\sim$ immer mindestens eine der Beziehungen $[(a_n)]_\sim \leq [(b_n)]_\sim$ oder $[(b_n)]_\sim \leq [(a_n)]_\sim$ gilt. Mit einer »kleiner-oder-gleich«-Relation sind in naheliegender Weise auch die Relationen »kleiner«, »größer« und »größer oder gleich« gegeben.

3. $\mathbb{R}$ läßt sich in *$\mathbb{R}$ einbetten, indem man die reelle Zahl a mit der hyperreellen Zahl $[(a; a; a; \ldots)]_\sim$ identifiziert.

4. In *ℝ gibt es Zahlen, die von Null verschieden und betragsmäßig kleiner als jede positive reelle Zahl sind. Das wichtigste Beispiel ist $\omega := \left[\left(\frac{1}{n}\right)\right]_\sim$: Jedes Folgenglied von $\left(\frac{1}{n}\right)$ ist verschieden von Null, und nur die ersten endlich vielen können größer oder gleich einer beliebig gegebenen positiven reellen Zahl sein. Zahlen, die betragsmäßig kleiner als jede positive reelle Zahl sind, für die also gilt:

$$\forall r \in \mathbb{R}^+ : \{n \in \mathbb{N} \mid |a_n| < r\} \in \mathcal{U},$$

(einschließlich der Null selbst) heißen *infinitesimal*. Kehrwerte infinitesimaler Zahlen (ungleich Null) sind größer als jede reelle Zahl und heißen *infinit*. Nicht infinite Zahlen heißen *finit*.

5. In *ℝ gibt es eine Äquivalenzrelation ,$\simeq$':

$$[(a_n)]_\sim \simeq [(b_n)]_\sim :\Leftrightarrow [(a_n)]_\sim - [(b_n)]_\sim \text{ ist infinitesimal.}$$

$[(a_n)]_\sim$ und $[(b_n)]_\sim$ heißen in diesem Fall *infinitesimal benachbart*.

Zum Nachweis der Eigenschaften einer Äquivalenzrelation: i) *Reflexivität*: $[(a_n) - (a_n)]_\sim$ ist $[(0)]_\sim$, also infinitesimal. ii) *Symmetrie*: Wenn für jedes $r \in \mathbb{R}^+$ auf einer $\mathcal{U}$-Menge $|a_n - b_n| < r$ gilt, so auch $|b_n - a_n| < r$. iii) *Transitivität*: Wenn für jedes $r \in \mathbb{R}^+$ auf einer $\mathcal{U}$-Menge $|a_n - b_n| < \frac{r}{2}$ und auf einer anderen $\mathcal{U}$-Menge $|b_n - c_n| < \frac{r}{2}$ ist, so gilt auf dem Schnitt der beiden $\mathcal{U}$-Mengen wegen der Dreiecksungleichung:

$$|a_n - c_n| = |a_n - b_n + b_n - c_n| \leq |a_n - b_n| + |b_n - c_n| < \frac{r}{2} + \frac{r}{2} = r.$$

Bemerkung: Die Eigenschaft »infinitesimal benachbart« bleibt bei Division durch Infinitesimalien im allgemeinen nicht erhalten. Beispielsweise sind ω und 2ω beide infinitesimal benachbart zur Null, und es gilt $\omega \simeq 2\omega$; Division durch ω auf beiden Seiten löst aber die infinitesimale Nachbarschaft auf, denn $\frac{\omega}{\omega} = 1 \not\simeq 2 = \frac{2\omega}{\omega}$.[8]

---

[8] Es ist deshalb nicht selbstverständlich, daß, wie im Unterrichtsgang in I. 7 für die

6. i) Die Summe zweier reeller Zahlen ist reell, ii) die Summe zweier infinitesimaler Zahlen infinitesimal; iii) das Produkt einer reellen und einer infinitesimalen Zahl ist infinitesimal.

Zu i): Seien $[(a_n)]_\sim$ und $[(b_n)]_\sim$ reell. Eine Folge aus $[(a_n)]_\sim$ ist auf einer $\mathcal{U}$-Menge konstant, eine Folge aus $[(b_n)]_\sim$ ebenfalls; die Summenfolge ist auf dem Schnitt der beiden $\mathcal{U}$-Mengen, also ebenfalls auf einer $\mathcal{U}$-Menge, konstant.

Zu ii): Sei $s \in \mathbb{R}^+$ beliebig. Wenn $[(a_n)]_\sim$ und $[(b_n)]_\sim$ infinitesimal sind, so gilt $|(a_n)| < \frac{s}{2}$ auf einer $\mathcal{U}$-Menge und $|(b_n)| < \frac{s}{2}$ auf einer $\mathcal{U}$-Menge, und damit auf dem Schnitt der beiden $\mathcal{U}$-Mengen $|(a_n + b_n)| < s$. Also ist $[(a_n + b_n)]_\sim$ betragsmäßig kleiner als jede positive reelle Zahl.

Zu iii): Seien $[(r_n)]_\sim$ reell, $[(a_n)]_\sim$ infinitesimal und $s \in \mathbb{R}^+$ beliebig. $\left(\frac{s}{r_n}\right)$ ist auf einer $\mathcal{U}$-Menge konstant und $|(a_n)|$ auf einer $\mathcal{U}$-Menge kleiner als $\left|\left(\frac{s}{r_n}\right)\right|$. Auf dem Schnitt der beiden $\mathcal{U}$-Mengen gilt $|a_n| < \left|\frac{s}{r_n}\right|$, also $|r_n \cdot a_n| < s$. Damit ist $[(r_n \cdot a_n)]_\sim$ infinitesimal.

7. Eine finite Zahl ξ läßt sich in eindeutiger Weise als Summe einer reellen und einer infinitesimalen Zahl schreiben; die reelle Zahl in dieser Summe heißt *Standardteil* der finiten Zahl. Für $\xi = r + \alpha$ (r reell, α infinitesimal) schreibt man $\mathrm{st}(\xi) = \mathrm{st}(r + \alpha) = r$.

Die Eindeutigkeit dieser Darstellung ergibt sich schnell aus der Gleichung $r_1 + \alpha_1 = r_2 + \alpha_2 \Leftrightarrow r_1 - r_2 = \alpha_2 - \alpha_1$. Links steht eine Summe reeller, rechts eine infinitesimaler Zahlen; die einzige Zahl, die sowohl reell als auch infinitesimal ist, ist die Null, also muß $r_1 = r_2$ und $\alpha_1 = \alpha_2$ sein.

Exponentialfunktion e^x gewünscht, $e \simeq \left(1 + \frac{1}{\Omega}\right)^\Omega$ auch $\frac{e^\omega - 1}{\omega} \simeq 1$ sichert; einen expliziten Beweis dafür findet man bei BEDÜRFTIG/BAUMANN/FUHRMANN 135.

Für die Existenz ist etwas mehr Aufwand erforderlich. Wir betrachten die Menge $\{u \in \mathbb{R} \mid u \leq \xi\}$ aller reellen Zahlen, die nicht größer sind als ξ. Sie ist nach oben beschränkt, denn wenn zu jedem reellen a ein u_a in der Menge existierte, das größer ist, wäre ξ (wegen $\xi \geq u_a > a \; \forall \, a \in \mathbb{R}$) nicht finit. Wegen der Vollständigkeit von $\mathbb{R}$ gibt es eine kleinste obere Schranke r in $\mathbb{R}$. Für jede positive reelle Zahl c gilt dann zum einen $r + c > \xi$, also $\xi - r < c$ (wäre $r + c \leq \xi$, so läge $r + c$ in der Menge und wäre echt größer als r, also r keine obere Schranke), zum anderen $r - c < \xi$, also $\xi - r > -c$ (mit $r - c \geq \xi$ wäre $r - c$ obere Schranke der Menge und echt kleiner als r, also r nicht die kleinste obere Schranke). Also ist $|\xi - r| < c$ für jedes $c \in \mathbb{R}^+$, mithin $\alpha := \xi - r$ infinitesimal und $\xi = r + \alpha$ die gesuchte Zerlegung.

Bemerkungen:

   i) Infinitesimale Zahlen haben den Standardteil 0.

   ii) Die Bildung des Standardteils ist mit den Grundrechenarten vertauschbar. Die Beweise für die Addition, Subtraktion und Multiplikation sind trivial; für letztere setzen wir beispielsweise $\xi_1 = r_1 + \alpha_1$ und $\xi_2 = r_2 + \alpha_2$ und rechnen $\xi_1 \cdot \xi_2 = (r_1 + \alpha_1) \cdot (r_2 + \alpha_2) = r_1 r_2 + r_1 \alpha_2 + \alpha_1 r_2 + \alpha_1 \alpha_2 \simeq r_1 r_2$, also $\mathrm{st}(\xi_1 \cdot \xi_2) = r_1 \cdot r_2 = \mathrm{st}(\xi_1) \cdot \mathrm{st}(\xi_2)$. Bei der Division $\frac{\xi_1}{\xi_2}$ ist $\mathrm{st}(\xi_2) \neq 0$ vorauszusetzen; damit ist ξ_2 nicht infinitesimal, der Bruch $\frac{\xi_1}{\xi_2}$ finit, und die Gleichung $\mathrm{st}\left(\frac{\xi_1}{\xi_2}\right) = \frac{\mathrm{st}(\xi_1)}{\mathrm{st}(\xi_2)}$ folgt unmittelbar aus $\mathrm{st}\left(\frac{\xi_1}{\xi_2}\right) \cdot \mathrm{st}(\xi_2) = \mathrm{st}\left(\frac{\xi_1}{\xi_2} \cdot \xi_2\right) = \mathrm{st}(\xi_1)$.

   iii) Da jede Folge eindeutig einer hyperreellen Zahl zugeordnet ist, ist es zulässig, vom »Standardteil einer Folge« zu sprechen. Wir werden unten sehen, daß dann bei konvergenten Folgen die Begriffe »Standardteil« und »Grenzwert« gleichbedeutend sind.

8. Enthält die Äquivalenzklasse $[(a_n)]_\sim$ eine Folge, die ausschließlich aus natürlichen Zahlen besteht, so heißt $[(a_n)]_\sim$ eine *hypernatürliche Zahl*. Beispiele:

   i) Ω läßt sich als $[(1; 2; 3; \dots)]_\sim$ schreiben, ist also eine hypernatürliche Zahl.

  ii) ω wird durch $\left(1; \frac{1}{2}; \frac{1}{3}; \dots \right)$ repräsentiert; in dieser Folge müßte man alle Glieder bis auf das erste abändern, um ausschließlich natürliche Zahlen zu erhalten. Die geänderte Folge wäre nur im ersten Glied mit $\left(1; \frac{1}{2}; \frac{1}{3}; \dots \right)$ identisch, also als hyperreelle Zahl von ω verschieden. ω ist keine hypernatürliche Zahl.

 iii) Jede natürliche Zahl n ist auch hypernatürlich, da sie sich als hyperreelle Zahl durch die Folge $(n; n; n; \dots)$ darstellen läßt.

9. i) Eine beschränkte Folge definiert eine finite Zahl, während umgekehrt ii) eine Folge, die eine finite Zahl definiert, nicht unbedingt beschränkt sein muß.

Zu i): Zu einer beschränkten Folge (a_n) gibt es eine Zahl $s \in \mathbb{R}$, so daß $|a_n| \leq s$ für alle n. Wäre $\xi := [(a_n)]_\sim$ infinit, so ergäbe sich $|\xi| > s \geq |a_n|$ für alle n, also $| [(a_n)]_\sim | > | [(a_n)]_\sim |$.

Zu ii): Der Ultrafilter $\mathcal{U}$ enthält entweder die Menge der geraden oder die der ungeraden Zahlen (siehe oben S. 58). Seien o. B. d. A. die ungeraden enthalten; dann ist die Folge $(0; 1; 0; 2; 0; 3; \dots)$ unbeschränkt und äquivalent zu (0), also finit.

10. *Hyperreelle Fortsetzung reeller Funktionen*: Wenn man beispielsweise $f(x + dx)$ für ein infinitesimales, von Null verschiedenes dx ansetzt, wendet man die zunächst einmal nur auf $\mathbb{R}$ (oder einer Teilmenge davon) definierte Funktion f auf eine nichtreelle Zahl an. Im Schulunterricht ist das unproblematisch, denn dort sind Funktio-

nen fast immer als geschlossener Term gegeben, in den man hyperreelle Zahlen wegen der Übertragung der Rechenarten ohne weiteres einsetzen kann. Im Allgemeinen muß man aber zuvor die reel-
le Funktion $f : \mathbb{D} \to \mathbb{R}$ vermöge $^*f\big([(x_n)]_\sim\big) := \big[(f(x_n))\big]_\sim$
sowie $^*\mathbb{D} := \big\{ [(x_n)]_\sim \mid x_n \in \mathbb{D}\big\}$ zu einer hyperreellen Funktion
$^*f : ^*\mathbb{D} \to ^*\mathbb{R}$ fortsetzen.[9] Dies in der Schule zum Thema zu machen dürfte sich in der Regel nicht empfehlen.

II. Über die gliedweise Betrachtung von Folgen greifen die Verknüpfungen und die Anordnung in *$\mathbb{R}$ unmittelbar auf die Entsprechungen in $\mathbb{R}$ zurück, oder anders ausgedrückt: Folgebildung und Ver-
knüpfung sind vertauschbar; so ist etwa $(n)^2$ dasselbe wie (n^2). Auf
diese Weise übertragen sich Rechnungen aus $\mathbb{R}$ direkt nach *$\mathbb{R}$; allgemein gilt das wichtige *Transferprinzip*, nach dem jede nach gewissen
Regeln formulierte Aussage in $\mathbb{R}$ zur entsprechenden Aussage in *$\mathbb{R}$
äquivalent ist. Wir verzichten darauf, dieses Prinzip genau zu fassen
und zu begründen, und beweisen stattdessen im nächsten Abschnitt
zwei Aussagen, die bei der Einführung des Integrals gebraucht werden
und die sonst aus dem allgemeinen Prinzip abgeleitet würden: i) Die
bei der Berechnung des Integrals über x^2 benutzte Formel für $\sum k^2$
gilt auch für infinite Summen; ii) eine unendliche, aber mit einer hypernatürlichen Zahl indizierbare Menge hyperreeller Zahlen, wie sie
bei der Abschätzung der Zerlegungsrestflächen im Integral anfallen
wird, enthält wie jede endliche Menge ein maximales Element.

---

[9] Die Einzelheiten beispielsweise bei LANDERS/ROGGE 28f oder BAUMANN/KIR-
SKI 48−50.

4. Zwei Konkretisierungen des Transferprinzips

i) *Infinite Summen von Quadraten*

Sei M eine hypernatürliche Zahl,[10] also M = $[(m_n)]_\sim$ für eine Folge (m_n) aus $\mathbb{N}^\mathbb{N}$. Wir ignorieren im folgenden das Verhalten außerhalb einer $\mathcal{U}$-Menge und identifizieren M mit (m_n). Dann gilt für das n-te Folgenglied nach der bekannten Formel:

$$\sum_{k=1}^{m_n} k^2 = \frac{1}{6} m_n(m_n + 1)(2m_n + 1). \qquad (*)$$

Wenn man alle Folgenglieder zusammensetzt, entsteht die Folge

$$\left(\frac{1}{6} m_1(m_1 + 1)(2m_1 + 1); \quad \frac{1}{6} m_2(m_2 + 1)(2m_2 + 1); \quad \ldots \right).$$

In dieser Folge ist der Term $\frac{1}{6} m(m+1)(2m+1)$ auf jedes einzelne Glied der Folge $(m_1; m_2; m_3; \ldots)$ angewendet; da letztere Folge als hyperreelle Zahl den Namen M hat, läßt sich die eben erhaltene Folge als hyperreelle Zahl $\frac{1}{6} M(M + 1)(2M + 1)$ schreiben. Zugrunde liegt das Prinzip der gliedweisen Verrechnung; z. B. ist ja

$$\tfrac{1}{6} M = \left(\tfrac{1}{6}; \tfrac{1}{6}; \tfrac{1}{6}; \ldots \right) \cdot (m_1; m_2; m_3; \ldots) = \left(\tfrac{1}{6} m_1; \tfrac{1}{6} m_2; \tfrac{1}{6} m_3; \ldots \right).$$

In entsprechender Weise setzt sich die linke Seite der Gleichung $(*)$, wenn n ganz $\mathbb{N}$ durchläuft, zur Folge

$$\left(\sum_{k=1}^{m_1} k^2; \quad \sum_{k=1}^{m_2} k^2; \quad \sum_{k=1}^{m_3} k^2; \quad \ldots \right) = \sum_{k=1}^{M} k^2$$

zusammen. Die beiden zusammengesetzten Folgen stimmen gemäß der Gleichung $(*)$ in jedem Folgenglied überein, und dann gilt

$$\sum_{k=1}^{M} k^2 = \frac{1}{6} M(M + 1)(2M + 1). \qquad \square$$

ii) *Existenz des Maximums auf einer hypernatürlich indizierbaren Menge*

Sei N eine infinite hypernatürliche Zahl und $\{\xi_1; \ldots ; \xi_N\}$ eine Menge von N hyperreellen Zahlen. $(n_k)_{k\in\mathbb{N}}$ sei eine Folge, die N definiert und nur aus natürlichen Zahlen besteht. Die Indizierung der Elemente der gegebenen Menge lasse sich als Abbildung $^*f$ von $^*\mathbb{N}$ nach $^*\mathbb{R}$ beschreiben, die, wenn $I \in {}^*\mathbb{N}$ mit $1 \leq I \leq N$ durch eine Folge (i_k) definiert wird,[10] gemäß II. 3.10 durch eine (auf ganz $\mathbb{N}$ zu erklärende) reelle Abbildung f gegeben ist:

$$\xi_I = {}^*f\big([(i_k)_{k\in\mathbb{N}}]_\sim \big) = \Big[\big(f(i_k)\big)_{k\in\mathbb{N}} \Big]_\sim .$$

Der Einfachheit halber nehmen wir an, daß für jedes I mit $1 \leq I \leq N$ die definierende Folge (i_k) nur aus natürlichen Zahlen besteht und für alle $k \in \mathbb{N}$ die Bedingung $i_k \leq n_k$ erfüllt; da $I \leq N$, müßte man, um letzteres zu erreichen, nur die Folgenglieder außerhalb einer $\mathcal{U}$-Menge ändern. Dann liegen die jeweils j-ten Glieder der definierenden Folgen aller ξ_I, also die $f(i_j)$, in einer Hilfsmenge der Form

$$H_j := \{f(1); \ldots ; f(n_j)\} .$$

Jede Hilfsmenge H_j ist endlich, und es gibt in ihr trivialerweise ein Maximum; dessen Platznummer sei m_j. Die Folge (m_k) definiert eine hypernatürliche Zahl M. Wegen $1 \leq m_k \leq n_k$ gilt $1 \leq M \leq N$. Es gibt also ein ξ_M, und dieses ist maximal in der gegebenen Menge, denn: Sei Λ eine hypernatürliche Zahl mit $1 \leq \Lambda \leq N$ und (l_k) eine Folge, die Λ darstellt und nur aus natürlichen Zahlen besteht. Dann ist $l_k \leq n_k$ für alle k aus einer $\mathcal{U}$-Menge. Weil auf dieser $\mathcal{U}$-Menge für jedes l_j das zugehörige $f(l_j)$ in der j-ten Hilfsmenge H_j liegt und dort

---

[10] M, N und I sind als die griechischen Majuskeln My, Ny und Iota gedacht.

nicht größer sein kann als das jeweilige Maximum, nämlich $f(m_j)$, gilt $f(l_k) \leq f(m_k)$ auf einer $\mathcal{U}$-Menge, und damit $\xi_\Lambda \leq \xi_M$. □

Bemerkung: Eine Menge hyperreeller Zahlen, zu der es wie in diesem Beweis eine Folge (M_n) von Mengen reeller Zahlen gibt, so daß für alle n aus einer $\mathcal{U}$-Menge die n-ten Glieder der darstellenden Folgen der hyperreellen Zahlen in der n-ten Folgenmenge M_n liegen, wird als *interne Menge* bezeichnet; sind alle M_n endlich, heißt die interne Menge *hyperendlich*. Interne Mengen haben besonders handliche Eigenschaften und sind eine wichtige Begriffsbildung in der Nichtstandardanalysis. Schon oben in II. 3.10 wurde $^*\mathbb{D}$ durch die konstante Mengenfolge $(\mathbb{D})$ beschrieben.

5. Intermezzo: Ist $0,\overline{9} = 1$?

Die Folge $(0,9;\ 0,99;\ 0,999;\ \ldots)$ unterscheidet sich in jedem Glied von der Folge $(1;1;1;\ldots)$; die zugehörigen hyperreellen Zahlen sind also nicht identisch, sondern nur infinitesimal benachbart. Na, also! Hatten wir nicht immer schon geahnt, daß $0,\overline{9}$ doch nicht dasselbe ist wie 1?

Aber Vorsicht: Inwieweit $0,\overline{9} = 1$ ist, hängt daran, was man genau unter der Schreibweise »$0,\overline{9}$« (oder auch »$0,999\ldots$«) versteht. Wenn man dies nach gängigen Definitionen als konvergente Reihe, also als Grenzwert der Folge der Teilsummen einer unendlichen Summe auffaßt, wäre

$$0,\overline{9} = 0,9 + 0,09 + 0,009 + \ldots$$

$$= \sum_{k=1}^{\infty} 9 \cdot 10^{-k} = \lim_{n \to \infty} \left(\sum_{k=1}^{n} 9 \cdot 10^{-k} \right)$$

$$= \lim_{n \to \infty} (0,9;\ 0,99;\ 0,999;\ \ldots) = \mathrm{st}\,(0,9;\ 0,99;\ 0,999;\ \ldots) = 1.$$

In diesem Fall ist die Grenzwertbildung, also der Übergang auf den Standardteil, schon in der Definition enthalten, und die Gleichung $0,\overline{9} = 1$ gilt *per definitionem*. Entfernt man hingegen die Grenzwertbildung aus der Definition, setzt also $0,\overline{9} = (0,9;\ 0,99;\ 0,999;\ \ldots)$, so wird die Gleichung falsch. Nehmen wir einen der gängigen ›Beweise‹ für die Behauptung $0,\overline{9} = 1$:

$$0,\overline{9} = \frac{10 - 1}{9} \cdot 0,\overline{9} = \frac{10 \cdot 0,\overline{9} - 0,\overline{9}}{9} = \frac{9,\overline{9} - 0,\overline{9}}{9} = \frac{9}{9} = 1.$$

Mit der grenzwertlosen Definition im Hyperreellen ist diese Umformung nicht korrekt, denn der Term $10 \cdot 0,\overline{9} - 0,\overline{9}$ vereinfacht sich nicht zu 9. Wir rechnen nach:

$$10 \cdot 0,\overline{9} - 0,\overline{9}$$
$$= (10; 10; 10; \ldots) \cdot (0,9; 0,99; 0,999; \ldots) - (0,9; 0,99; 0,999; \ldots)$$
$$= (9;\ 9,9;\ 9,99;\ \ldots) - (0,9;\ 0,99;\ 0,999;\ \ldots)$$
$$= (8,1;\ 8,91;\ 8,991;\ \ldots).$$

Diese Zahl ist der reellen $9 = (9; 9; 9; \ldots)$ infinitesimal benachbart, aber nicht mit ihr identisch.

Der eben aufgeführte ›Beweis‹ ist also mit der gängigen Definition tautologisch (wenn schon nach Definition $0,\overline{9} = 1$ gilt, ist trivialerweise auch $10 \cdot 0,\overline{9} - 0,\overline{9} = 10 \cdot 1 - 1 = 9$) und sowieso von vornherein unnötig; mit der grenzwertlosen Definition ist er falsch. *Ohne* eine Definition schließlich ist er sinnlos, denn wenn die Bedeutung der Schreibweise »$0,\overline{9}$« nicht genau festgelegt ist, ist schon nicht einmal entscheidbar, ob $10 \cdot 0,\overline{9} = 9,\overline{9}$ gilt. — In gleicher Weise sind alle ›Beweise‹ für die Gleichung $0,\overline{9} = 1$ letztlich zirkelschlüssig; sie funktionieren nur, weil an einer Stelle versteckt der Übergang von der Partialsummenfolge zu ihrem Grenzwert schon eingeht.

In einer kleinen Umfrage unter Gymnasiasten und Mathematik-
studenten stellte sich einmal heraus, daß 72,2% der Schüler und sogar
noch 50% der Studenten der Meinung waren, $0,\overline{9}$ sei nicht dasselbe
wie 1, obwohl dies der in Schulen und Hochschulen gelehrten Auffassung widerspricht.[11] Ich kann nur vermuten, daß man sich $0,\overline{9}$
natürlicherweise als Partialsummenfolge vorstellt: Die Zahl wächst
um weitere angehängte Neuner, während der geistige Blick daran
entlangschweift; zuerst nimmt er 0,9 wahr, dann erweitert sich die
Wahrnehmung auf 0,99, dann auf 0,999, und so weiter. Die Intuition sträubt sich dagegen, diese ›beobachtete‹ Folge mit ihrem ›un-
sichtbaren‹ Grenzwert *gleich*zusetzen, wenn doch jedes einzelne Folgenglied von diesem Grenzwert verschieden ist, egal wie weit nach
hinten man schaut. Im Zusammenhang der hyperreellen Zahlen, wo
die Folge selbst schon eine Zahl darstellt, ist es auch nicht nötig, die
Folge durch ihren Grenzwert zu ersetzen, um eine gültige Zahl zu
erhalten. Die deshalb im hyperreellen Zusammenhang naheliegende
Definition, $0,\overline{9}$ = (0,9; 0,99; 0,999; ...), träfe dann genau mit der
Intuition zusammen, während die herkömmliche Definition, $0,\overline{9}$ =
$\lim_{n\to\infty}$ (0,9; 0,99; 0,999; ...), so deutlich dagegen verstößt, daß es selbst
akademisch gebildeten Mathematikern teils schwerfällt, sie zu akzep-
tieren. Die Nichtstandardsichtweise erlaubt, den hier so deutlich wie
selten beobachtbaren infinitesimalen Unterschied stehen zu lassen
und zu benennen; erst die Einschränkung auf die reellen Zahlen zwingt
dazu, ihn zu ignorieren (dazu noch einmal unten ganz am Ende des
Anhangs).
    Die kurze Antwort auf die in der Überschrift gestellte Frage lautet
also: $0,\overline{9}$ ist nur dann dasselbe wie 1, wenn man es durch Definition so

---

11 Von der Umfrage berichten Bedürftig/Murawski/Kuhlemann 410.

festsetzt. Im Reellen kommt man um diese kontraintuitive Definition nicht herum; im hyperreellen Zusammenhang ist sie nicht notwendig und auch nicht sinnvoll.

6. Dezimalnotation hyperreeller Zahlen

Anders als die rationalen Zahlen lassen sich reelle und hyperreelle Zahlen im allgemeinen nicht explizit aufschreiben; schon eine irrationale reelle Zahl hat in Dezimalnotation unendlich viele Nachkommastellen, die keiner festen Regel folgen und nur in günstigen Ausnahmefällen für eine gegebene Platznummer überhaupt bestimmbar sind. Die dann akzeptierte Schreibweise mit Auslassungspunkten (»$\sqrt{2} = 1,4142\ldots$«) läßt sich aber auch auf infinitesimale Zahlen übertragen, die sich erst in einer ›unendlichsten Nachkommastelle‹ von Null unterscheiden; dazu trennt man finite und infinite Nachkommastellen durch ein Semikolon.[12] Die Zahl $10^{-\Omega}$ etwa würde durch eine Dezimalnotation repräsentiert, die fast ausschließlich aus Nullen besteht und nur an der Ω-ten Nachkommastelle eine Eins aufweist:

$$0,000\ldots;\ldots00100\ldots\,.$$

Dabei ist zu vereinbaren, daß die mittlere Ziffer der Gruppe hinter dem Semikolon die Platznummer Ω haben soll.

Als Beispiel notieren wir einmal die Rechnung $10 \cdot 0,\overline{9} - 0,\overline{9}$ aus dem vorigen Abschnitt in Dezimalschreibweise. Nützlich dafür ist folgende Überlegung: Wenn man in die Formel für das n-te Glied einer Folge die hyperreelle Zahl Ω einsetzt, entsteht wieder die Folge selbst.

---

[12] Die Idee stammt von ALBERT HAROLD LIGHTSTONE (*Infinitesimals*, The American Mathematical Monthly 79, 1972, 242–251); zur Erweiterung auf Vorkommastellen mit infiniten Zehnerpotenzen BAUMANN/KIRSKI 17–21.

So wird die Folge (1; 4; 9; ...) durch die Formel n^2 beschrieben; diese auf Ω angewendet ergibt $\Omega^2 = (1^2; 2^2; 3^2; ...) = (1; 4; 9; ...)$. Kurz: Für jede reelle Folge (a_n) gilt $a_\Omega = (a_n)$.

In der Folge (0,9; 0,99; 0,999; ...) hat das n-te Folgenglied die Form $1 - 10^{-n}$; die ganze Folge läßt sich also durch $1 - 10^{-\Omega}$ bezeichnen. Mit der oben schon notierten Dezimalschreibweise für $10^{-\Omega}$ erhält man:

$$0,\overline{9} = 1 - 10^{-\Omega} = 1 - 0{,}000\ldots;\ldots00100\ldots$$
$$= \quad 0{,}999\ldots;\ldots99900\ldots\,.$$

Damit können wir auch die zitierte Rechnung in Dezimalnotation schreiben:

$$10 \cdot 0,\overline{9} - 0,\overline{9}$$
$$= 10 \cdot 0{,}999\ldots;\ldots99900\ldots - 0{,}999\ldots;\ldots99900\ldots$$
$$= \quad 9{,}999\ldots;\ldots99000\ldots - 0{,}999\ldots;\ldots99900\ldots$$
$$= \quad 9{,}000\ldots;\ldots00000\ldots - 0{,}000\ldots;\ldots00900\ldots$$
$$= \quad 8{,}999\ldots;\ldots99100\ldots\,.$$

In der vorletzten Zeile wird von der reellen 9 eine infinitesimale Zahl subtrahiert; das Ergebnis ist also der 9 infinitesimal benachbart.

Wir werden diese Schreibweise hier nicht weiter verwenden. Immerhin macht die Trennung durch das Semikolon augenfällig, daß es keinen nahtlosen Übergang von finiten zu infiniten Zahlen gibt; es existiert keine größte finite Platznummer und keine kleinste infinite. Die Unmöglichkeit, eine klare Grenze zu finden, veranschaulicht KUHLEMANN *2022a* 181 mit einem schon in der Antike gebrauchten Vergleich: »Eine möglicherweise hilfreiche Analogie aus dem Alltag ist das *Haufenparadoxon*, das die Schwierigkeit beschreibt, einen va-

gen Begriff wie den des Haufens exakt zu definieren. Wann ist eine Ansammlung von Elementen (zum Beispiel Sandkörnern) ein Haufen?
Intuitiv sollten es so viele sein, dass die Ansammlung nach Entfernen
eines ihrer Elemente immer noch ein Haufen ist. Andererseits ist ein
einzelnes Element intuitiv kein Haufen. Es ist nicht möglich, eine
exakte und intuitiv plausible Grenze zwischen Haufen und Nichthau-
fen anzugeben.«

7. Die infinitesimalen Reste

An mehreren Stellen im Unterrichtsgang hatten wir argumentiert, daß
bestimmte infinitesimale Fehler keine Auswirkungen auf die Richtig-
keit des Ergebnisses im Reellen haben. Daß das tatsächlich zutrifft, ist
durchaus nicht immer trivial einzusehen, weshalb wir diese Schritte
hier noch einmal genau unter die Lupe nehmen wollen. Am Schluß
des Abschnitts werden wir sehen, daß die vorgeführten Beispiele letztlich nur Sonderfälle eines sehr kraftvollen allgemeinen Prinzips sind.

1. Ableitung

In der Herleitung der Ableitung an sich treten noch keine Probleme
auf; die Ableitung ist als Standardteil einer finiten Zahl definiert, und
daß etwa $2x + dx$ für jedes infinitesimale dx in der infinitesimalen
Nähe der reellen Zahl $2x$ liegt, so daß als Ableitung der Funktion
$f(x) = x^2$ nur $2x$ in Frage kommt, bedarf keiner gesonderten Begründung. In der anschaulichen Motivation der Einführung unendlich
kleiner Zahlen in die Rechnung hatten wir zwar davon gesprochen,
daß die Krümmung der Kurve bei infiniter Vergrößerung unsichtbar
werden müßte; aber dieser anschauliche Gedanke hatte für die an-
schließende rechnerische Herleitung der Ableitung keine Rolle mehr
gespielt.

Trotzdem lohnt es sich, die anschauliche Aussage zu verifizieren, denn sie ist von grundsätzlicher Bedeutung. Legen wir an eine differenzierbare Funktion im Punkt $(x \mid f(x))$ die Tangente an und überlegen, wie groß der senkrechte Abstand zwischen Tangente und Funktion in einem infinitesimalen Abstand $dx \neq 0$ von der Stelle x werden kann:

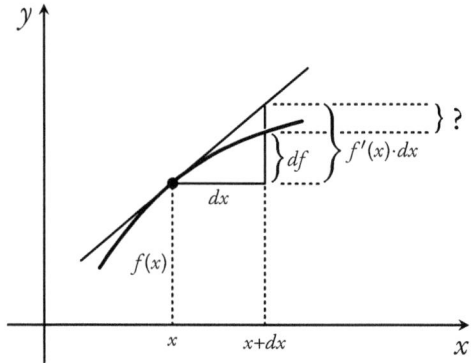

Die Tangente hat die Steigung $f'(x)$ und wächst deshalb im Intervall von x bis $x + dx$ um $f'(x) \cdot dx$; die Funktion selbst wächst um df. Für die Differenz der beiden Zuwächse gilt:

$$f'(x) \cdot dx - df = \left(f'(x) - \frac{df}{dx} \right) \cdot dx .$$

Wegen $f'(x) \simeq \frac{df}{dx}$ steht in der Klammer eine infinitesimale Zahl; der Unterschied der y-Werte des Funktionsgraphen und der Tangente an der Stelle $x + dx$ ist also ein *infinitesimales Vielfaches* von dx. Das bedeutet: In einem Maßstab, in dem dx durch eine reelle Streckenlänge repräsentiert wird, ist der Abstand zwischen Funktionsgraph und Tangente infinitesimal und deshalb unsichtbar; in einem Maßstab, der diesen Abstand sichtbar macht, wird dx unendlich groß. Es gibt keinen Maßstab, in dem sowohl dx als auch der Unterschied zwischen

Funktionsgraph und Tangente sichtbar werden können. Die obige Skizze ist also quantitativ unmöglich.

Es ist vielleicht nicht überflüssig zu betonen, daß ein gekrümmter Funktionsgraph bei infiniter Vergrößerung nicht etwa geradlinig *wird*, wie manchmal gesagt wurde; die Krümmung bleibt bestehen und wird lediglich unsichtbar. Der Graph *erscheint* geradlinig.

2. Integral

In der Annäherung an die Fläche unter einem Funktionsgraphen wurden gleich mehrere Fehler vernachlässigt:
- Wir hatten die gekrümmte Kante eines Zerlegungsstreifens durch eine gerade Strecke ersetzt, um ein Trapez zu erhalten;
- der Inhalt eines Trapezes bestimmte sich durch Übergang zu einem infinitesimal benachbarten Wert als $f(x) \cdot dx$, was gerade dem Inhalt eines Streifens der klassischen Rechtecksumme entspricht;
- und schließlich traten diese Fehler in jedem einzelnen Zerlegungsstreifen, über die Gesamtfläche hinweg also unendlich oft auf. Ein infinitesimaler Fehler könnte sich in einer unendlichen Summe ohne weiteres zu einer reellen Zahl aufaddieren, denn das Produkt einer infiniten und einer infinitesimalen Zahl kann reell sein, wie schon das Beispiel $\Omega \cdot \omega = \Omega \cdot \frac{1}{\Omega} = 1$ zeigt.

Die ersten beiden – infinitesimalen – Fehler lassen sich zusammenfassen. Wenn wir sinnvollerweise einen differenzierbaren Integranden voraussetzen, ist df in jedem Zerlegungsstreifen ein reelles Vielfaches von dx, und die gesamte Fläche, die beim Übergang von der tatsächlichen Fläche unter der Kurve zum Rechteck $f(x) \cdot dx$ vernachlässigt

– oder bei fallendem f zuviel berücksichtigt – wird, liegt innerhalb eines Rechtecks mit den Kantenlängen dx und df:

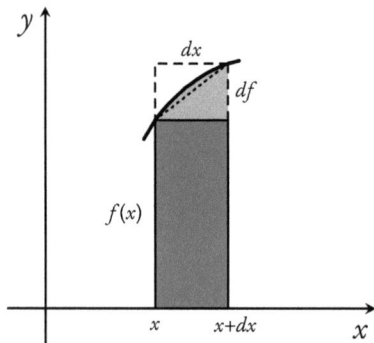

Auch diese Skizze ist wieder quantitativ unmöglich, denn wie oben bei der Ableitung wäre die Krümmung des Graphen in diesem Maßstab eigentlich unsichtbar. Das bedeutet insbesondere, daß der Graph das $dx{\times}df$-Rechteck nicht nach oben oder unten verlassen kann, denn wenn er innerhalb des Zerlegungsintervalls einen Schnittpunkt mit der Ober- oder Unterkante hätte, wäre an dieser Stelle der vertikale Abstand zwischen Graph und Trapezoberkante (also der Rechteck-diagonalen) ein reelles Vielfaches von dx statt eines infinitesimalen.

Mit diesen Rechtecken läßt sich der Gesamtfehler über alle Zerle-gungsstreifen hinweg abschätzen. df ist zwar nicht nur von dx abhän-gig, sondern auch von der Stelle x, hat aber jedenfalls wegen der voraus-gesetzten Differenzierbarkeit überall einen infinitesimalen Betrag, und gemäß II. 4. ii) gibt es unter diesen Beträgen ein Maximum. Wir nennen dieses Maximum μ, und die Länge des Integrationsintervalls heiße b; dann läßt sich die beim Übergang auf die Rechtecksumme vernachlässigte oder zuviel berücksichtigte Fläche durch die Summe aller $dx \times df$-Rechtecksinhalte, und diese durch

$$\mathrm{N} \cdot \mu \cdot dx = \mathrm{N} \cdot \mu \cdot \frac{b}{\mathrm{N}} = \mu \cdot b$$

nach oben abschätzen. $\mu \cdot b$, infinitesimal mal reell, ist aber eine infinitesimale Zahl.

Schon die klassische Rechtecksumme läßt also bei infinitesimaler Zerlegungsintervallänge einen nur noch infinitesimalen Fehler zur tatsächlichen Fläche unter der Kurve. Der Trapezansatz hat für den Unterricht den Vorteil, daß von vornherein intuitiv klar ist, daß die Fläche vollständig ausgeschöpft wird. Der im Unterrichtsgang gemachte Zwischenschritt über die Mittelparallele entfernt dabei das Problem der unendlich vielen, unendlich kleinen Restflächen aus der Darstellung: Wenn man statt der Mittelparallele direkt den Inhalt des Trapezes ansetzte, ergäbe sich am Ende $f(x)\,dx + \frac{1}{2}\,df\,dx$, und man käme nicht umhin, wie eben zu begründen, daß die unendlich vielen halben Rechtecke des Inhalts $\frac{1}{2}\,df\,dx$ nicht nur im Verhältnis zum einzelnen Zerlegungsstreifen, sondern auch über alle Streifen aufsummiert eine nur infinitesimale Fläche füllen. Der Weg über die Mittelparallele vereinfacht die unterrichtliche Darstellung, indem er dieses Problem unsichtbar macht.

Beim *Hauptsatz* besteht kein zusätzlicher Erklärungsbedarf mehr, denn es wird nur ein einziges Trapez betrachtet, und dx kürzt sich bereits im Ansatz weg. Wenn man dann noch das Rechteck statt des Trapezes benutzt, schrumpft der Beweis im wesentlichen auf eine halbe Zeile zusammen:

$$\frac{dI_a}{dx} \simeq \frac{f(x) \cdot dx}{dx} = f(x).$$

3. Sinus und Kosinus

Noch einmal betrachten wir eine quantitativ unmögliche Skizze. Sie zeigt wieder den infinit vergrößerten Ausschnitt des Einheitskreisbogens mit dem Punkt $(\cos x \mid \sin x)$ rechts unten, der daran angesetzten Bogenlänge dx sowie dem Tangentenabschnitt t (von dem dx in diesem Maßstab eigentlich nicht unterscheidbar ist):

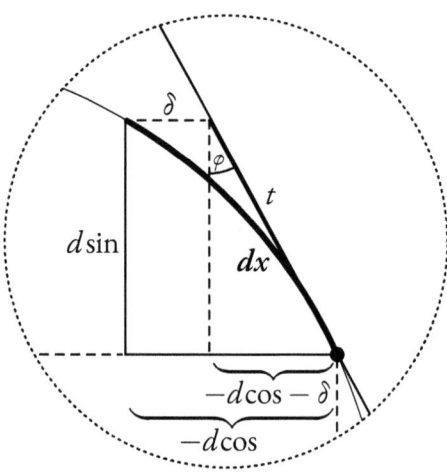

Die Kreislinie innerhalb eines Quadranten läßt sich als differenzierbare Funktion beschreiben, und zwar auch bei vertauschten Achsen; deswegen ist der waagrechte Abstand ∂ zwischen Kreis und Tangente am Ende des Kreisbogens dx ebenso im Verhältnis zur Bogenlänge dx infinitesimal, wie es oben bei der Ableitung der senkrechte Abstand zwischen Kurve und Tangente war. Daß dort dx eine Intervalllänge auf der x-Achse bezeichnete, hier hingegen eine Bogenlänge, ändert daran nichts, denn die Bogenlänge und die Länge des zugehörigen Intervalls auf der Koordinatenachse stehen in einem reellen Verhältnis zueinander.

Um zu sehen, wie sich dx und t zueinander verhalten, betrachten wir das Dreieck, das von dem Tangentenabschnitt t, dem Abstand δ und der unter dem Kreisbogen dx liegenden Sehne s gebildet wird:

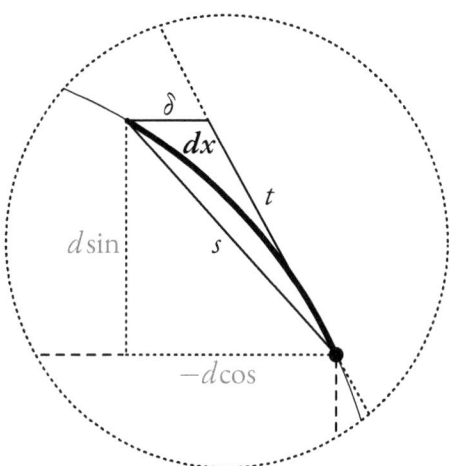

Der Bogen dx ist länger als die Sehne s, aber kürzer als die Summe der beiden anderen Dreiecksseiten: $s < dx < t + \delta$. Wegen der Dreiecksungleichung gilt außerdem $t \leq \delta + s$ also $t - \delta \leq s$. Zusammengenommen erhält man $t - \delta \leq s < dx < t + \delta$, oder noch kürzer: $t - \delta < dx < t + \delta$. Umgeformt ergibt sich daraus $-\delta < dx - t < \delta$ oder einfach $|dx - t| < \delta$. Der Tangentenabschnitt t unterscheidet sich von dx also nur um einen im Verhältnis zu dx infinitesimalen Wert; das bedeutet: Statt t kann man $(1 - \varepsilon) \cdot dx$ für ein infinitesimales ε schreiben.

Nun können wir zur ersten Skizze zurückkehren. Das rechtwinklige Dreieck, das den Winkel φ enthält, hat die Hypotenuse t und als Katheten $d\sin$ und $(-d\cos - \delta)$. Für den im Verhältnis zu dx infinitesimalen Abstand δ läßt sich $\zeta \cdot dx$ mit einem infinitesimalen ζ einsetzen.

Dann lauten die genauen Rechnungen für die Ableitungen:

$$\cos x = \cos \varphi = \frac{d\sin}{t} = \frac{d\sin}{(1-\varepsilon)\,dx} = \frac{1}{1-\varepsilon} \cdot \frac{d\sin}{dx}$$

$$\simeq 1 \cdot \frac{d\sin}{dx} = \frac{d\sin}{dx}$$

und

$$\sin x = \sin \varphi = \frac{-d\cos - \delta}{t} = \frac{-d\cos - \zeta\,dx}{(1-\varepsilon)\,dx}$$

$$= \frac{1}{1-\varepsilon} \cdot \frac{-d\cos - \zeta\,dx}{dx} = \frac{1}{1-\varepsilon} \cdot \left(\frac{-d\cos}{dx} - \zeta \right)$$

$$\simeq 1 \cdot \left(\frac{-d\cos}{dx} - 0 \right) = \frac{-d\cos}{dx}.$$

Damit ist die Herleitung für das Innere des ersten Quadranten vollständig.[13] Für die übrigen Quadranten führen wir nicht mehr die genaue Rechnung aus, sondern entwickeln nur die dem Unterrichtsgang entsprechenden Ansätze, die, wie wir gerade gesehen haben, von den genauen Werten nur infinitesimal abweichen. Abschließend behandeln wir noch die Schnittpunkte des Einheitskreises mit den Koordinatenachsen, da alle Rechnungen bis dahin nur im Inneren der Quadranten gelten. Für die Quadranten II, III und IV ist neben den

---

[13] Als ›infinitesimale Näherung‹ für dx kann man statt eines Tangentenabschnitts (es gibt verschiedene Möglichkeiten) auch die Sehne s benutzen. Dieser Zugang, ausgeführt z. B. bei BAUMANN/KIRSKI 246f, eliminiert den Abstand δ aus der Rechnung, macht dafür aber an anderer Stelle zusätzliche Argumentationsschritte nötig, denn der dabei gebrauchte Winkel φ ist dem entsprechenden Ursprungswinkel nicht mehr gleich, sondern nur noch infinitesimal benachbart.

Vorzeichen von $d\sin$ und $d\cos$ jeweils noch zu überlegen, wie der Winkel φ im unendlich kleinen Dreieck mit der Bogenlänge x zusammenhängt. Welchen der beiden nichtrechten Winkel man für den Ansatz als φ auswählt, ist dabei gleichgültig, beide Möglichkeiten führen auf unterschiedlichen Wegen zum selben Ergebnis.

II:

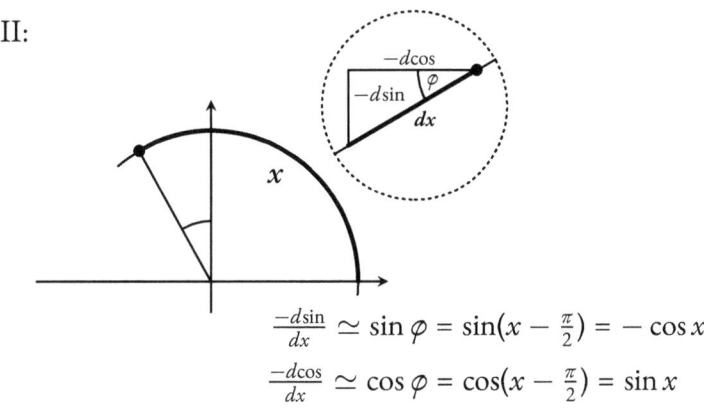

$$\frac{-d\sin}{dx} \simeq \sin\varphi = \sin\left(x - \frac{\pi}{2}\right) = -\cos x$$

$$\frac{-d\cos}{dx} \simeq \cos\varphi = \cos\left(x - \frac{\pi}{2}\right) = \sin x$$

III:

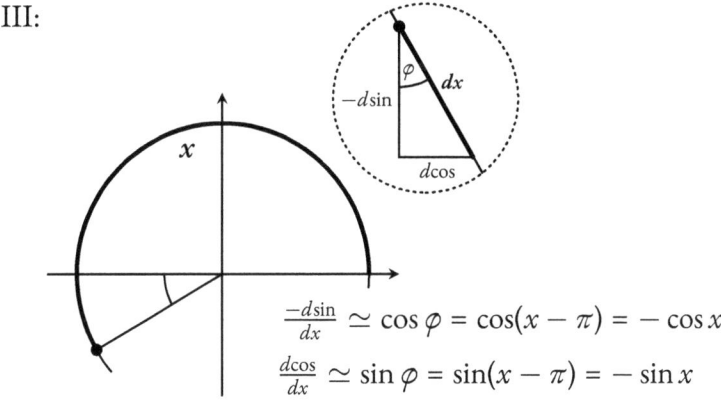

$$\frac{-d\sin}{dx} \simeq \cos\varphi = \cos(x - \pi) = -\cos x$$

$$\frac{d\cos}{dx} \simeq \sin\varphi = \sin(x - \pi) = -\sin x$$

IV:

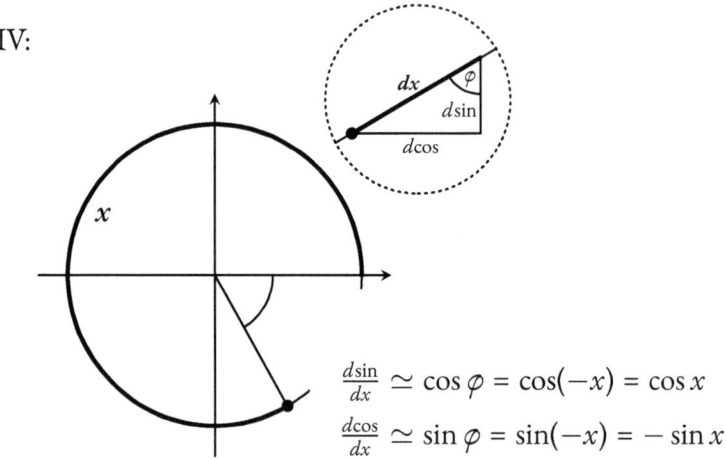

$$\frac{d\sin}{dx} \simeq \cos\varphi = \cos(-x) = \cos x$$

$$\frac{d\cos}{dx} \simeq \sin\varphi = \sin(-x) = -\sin x$$

Um zu guter Letzt die Lücken zwischen den Quadranten zu schließen: An den Stellen $k \cdot \frac{\pi}{2}, k \in \mathbb{Z}$, wird φ Null oder der rechte Winkel, und es entstehen ausgeartete Dreiecke; so fallen für $x = 0$ im ersten Quadranten die Hypotenuse t und die senkrechte Kathete zusammen, und die waagrechte Kathete wird Null. Die elementaren Definitionen der Winkelfunktionen sind nicht mehr anwendbar, aber mit $d\sin = t \simeq dx$ ergibt sich ohne weiteres $\frac{d\sin}{dx} \simeq \frac{dx}{dx} = 1 = \cos(0)$, und mit $-d\cos - \delta = 0$, also $d\cos = -\delta \simeq 0$, erhält man $\frac{d\cos}{dx} \simeq 0 = -\sin(0)$.

Für $x = \frac{\pi}{2}$ ist $d\sin \simeq 0$ und $-d\cos = t$, und man erhält $\frac{d\sin}{dx} \simeq 0 = \cos\left(\frac{\pi}{2}\right)$ und $\frac{d\cos}{dx} = \frac{-t}{dx} \simeq \frac{-dx}{dx} = -1 = -\sin\left(\frac{\pi}{2}\right)$; in gleicher Weise lassen sich die Ableitungen für alle Vielfachen von $\frac{\pi}{2}$ verifizieren.

Nach Vereinfachung erhält man in sämtlichen Fällen

$$\frac{d\sin}{dx} \simeq \cos x \qquad \text{und} \qquad \frac{d\cos}{dx} \simeq -\sin x\,.$$

Allgemeingültigkeit

Bei den vorangegangenen Rechnungen stellte sich immer heraus, daß die Annahme der Geradlinigkeit für infinit vergrößerte Kurvenausschnitte und die daraus abgeleiteten elementargeometrischen Überlegungen zu korrekten Ergebnissen führten, weil die auftretenden Fehler infinitesimal blieben und demzufolge für das reelle Endresultat keine Rolle mehr spielten. Das ist kein Zufall, sondern eine für stetig differenzierbare Kurven allgemein gültige Tatsache: Siehe KUHLEMANN *2018a* und *2022b.* Auf dieser Grundlage war also die kurze Argumentation im Unterrichtsgang doch schon eine korrekte und vollständige Herleitung — solange man beachtete, daß die Länge eines gekrümmten, in infiniter Vergrößerung gerade erscheinenden Stücks einer stetig differenzierbaren Kurve der Länge der entsprechenden ›echt geraden‹ Strecke nicht gleich, sondern lediglich infinitesimal benachbart ist.

Eine wissenschaftshistorische Anmerkung: Bereits 1676 war Gottfried Wilhelm Leibniz überzeugt, seine Leser würden merken, *quantus inveniendi campus pateat, ubi hoc unum recte perceperint, figuram curvilineam omnem nihil aliud quam polygonum laterum numero infinitorum, magnitudine infinite parvorum esse* – »ein wie großes Feld für Entdeckungen offensteht, sobald sie dies eine richtig erfaßt haben, daß jede krummlinige Figur nichts anderes als ein Polygon aus unendlich vielen, unendlich kurzen Seiten ist«.[14] Wie wir jetzt wissen, ist *nihil aliud quam* – »nichts anderes als« zu einfach formuliert; daß aber die genaue Überprüfung von Leibniz' Idee fast dreiein-

---

[14] Der lateinische Text zitiert nach EBERHARD KNOBLOCH (Hg.), Gottfried Wilhelm Leibniz: *De quadratura arithmetica circuli ellipseos et hyperbolae cujus corollarium est trigonometria sine tabulis*, Berlin – Heidelberg 2016, 130.

halb Jahrhunderte hat auf sich warten lassen,[15] ist nur *ein* Beispiel für die verzögerte Erforschung dessen, was wir heute – irreführend – als »Nichtstandardanalysis« bezeichnen.

8. Zur Definition des Integrals

Die oben im Unterrichtsgang gegebene Definition des Integrals legte die anschauliche, aber nicht näher erklärte Idee eines Flächeninhalts zugrunde und entwickelte daraus einen Rechenweg. Mathematisch korrekt wäre, wie bei der Ableitung geschehen, umgekehrt aus einem (etwa anwendungsbezogenen) Beispiel und seiner rechnerischen Lösung eine allgemeine Definition zu abstrahieren, die letztlich den Rechenweg beschreibt:[16]

Ein Intervall $[a; b]$ des Definitionsbereich einer Funktion f wird in N Teilstücke der infinitesimalen Länge dx_i (mit $1 \leq i \leq$ N) zerlegt, wobei N eine infinite hypernatürliche Zahl ist. Über jedem Teilstück wird ein Trapez gebildet, dessen Eckpunkte auf der x-Achse und dem Funktionsgraphen liegen und dessen parallele Seiten senkrecht zur x-Achse sind.

Wenn die Summe der Trapezflächen für jede solche Zerlegung zur selben reellen Zahl infinitesimal benachbart ist, heißt diese reelle Zahl das *Integral* über der Funktion f, geschrieben:

---

[15] KUHLEMANN nimmt *2018a* 47 und *2022b* 66 explizit seinen Ausgang von Leibniz' Worten.

[16] So wird das Integral etwa bei LAUGWITZ *1978* 139f oder BAUMANN/KIRSKI 128 erklärt. Die oben gegebene Definition verzichtet auf eine exakte Formulierung der Voraussetzungen.

$$\int_a^b f(x)\,dx,$$

gesprochen: »Integral von a bis b über $f(x)$«.

Für den Schulunterricht bedeutete dieses Vorgehen, wie mir scheint, einen Verlust an Anschaulichkeit, aber keinen rechten Nutzen; hier geht es ja nur darum, eine Grundlage für den Beweis des Hauptsatzes zu schaffen, um den Bezug zur Ableitung herzustellen und die Herleitung der Formel zur Integralberechnung mit Hilfe einer Stammfunktion,

$$\int_a^b f(x)\,dx = F(b) - F(a),$$

zu ermöglichen.

Auch in der Theorie ist der Zugang nicht ohne Tücke. Im Einführungsbeispiel des Unterrichtsgangs hatte der Sonderfall einer durch ein gewähltes N definierten äquidistanten Zerlegung mit $dx = \frac{1}{N}$ ausgereicht; im Allgemeinen muß jedoch entweder wie oben eine variable Intervallänge dx_i zugelassen oder in Kauf genommen werden, daß sich das Integrationsintervall nicht ganzzahlig in Abschnitte einer konstanten, von i unabhängigen Länge dx zerlegen läßt und für den letzten, ›angefangenen‹ Streifen ein Restterm notwendig wird.[17]

Die zweite Möglichkeit liefert immerhin am unmittelbarsten den Hintergrund für unsere heutigen Schreibweisen: Das Integralzeichen,

---

[17] Ausformuliert findet man eine solche Integraldefinition bei KUHLEMANN *2022a* 16f.

ursprünglich einfach ein kursives langes *s* für lat. *ſumma*, steht ja für
den reellen Anteil einer infiniten Summe

$$\sum_{i=1}^{N} f(x_i)\, dx \,.$$

In dieser Summe hat *dx* noch den ursprünglichen Sinn einer anmulti-
plizierten infinitesimalen Variablen; als ›atavistischer Rest‹ ist es hinter dem Integralzeichen stehengeblieben und dort zum reinen Symbol
geworden.

9. Konvergenz und Grenzwert

Die Behandlung des Grenzwerts im Unterrichtsgang macht sich zu-
nutze, daß es zwei verschiedene Nichtstandarddefinitionen des Be-
griffs gibt, die sowohl untereinander als auch zu den gängigen ε-Defi-
nitionen der Standardanalysis äquivalent sind. Die Formulierungen
sind sinngemäß wiedergegeben:

> *Definition 1* (Lingenberg): Wenn alle Teilfolgen[18] einer re-
> ellen Folge (a_n) finit sind und denselben Standardteil haben,
> so heißt die Folge (a_n) k o n v e r g e n t und st(a_n) der
> G r e n z w e r t von (a_n).
>
> *Definition 2* (z. B. Landers/Rogge 106f): Sei (a_n) eine re-
> elle Folge. Wenn a_N für jedes infinite hypernatürliche N zur
> selben reellen Zahl infinitesimal benachbart ist, so heißt die-
> se Zahl der G r e n z w e r t von (a_n) und die Folge (a_n)
> k o n v e r g e n t.

---

[18] Falls der Begriff der Teilfolge vorab definiert werden soll, lautet eine schülerfreund-

Die erste Definition macht Divergenz leicht erkennbar und arbeitet im übrigen heraus, daß bei konvergenten Folgen die Begriffe »Standardteil« und »Grenzwert« zusammenfallen;[19] die zweite bietet für viele Schulbeispiele konvergenter Folgen eine handliche Möglichkeit, den Grenzwert zu bestimmen.

Auf mathematisch-theoretischer Ebene hat die zweite Definition den Vorteil, auch für die rein axiomatische Einführung hyperreeller Zahlen geeignet zu sein, da sie nicht auf die Konstruktion von $^*\mathbb{R}$ aus reellen Folgen zurückgreift. Auf diese Konstruktion wird man allerdings im Schulunterricht kaum verzichten wollen: Folgen müssen sowieso behandelt werden, und die Unterrichtserfahrung scheint darauf hinzudeuten, daß die statische Vorstellung einer Folge als Zahl für die Schüler leichter faßbar ist als die konventionelle dynamische des Sich-Hinbewegens auf einen (möglicherweise nie erreichten) Grenzwert. Wenn sich die im Zusammenhang der hyperreellen Zahlen entwickelte statische Vorstellung gefestigt hat, kann damit später, wie oben im Unterrichtsgang gezeigt, ohne große Mühe auch der Grenzwertbegriff verbunden werden. Die Folge als Zahl und der Grenzwert als ihr Standardteil bleiben dabei – intuitionsfreundlich – gut unterscheidbar nebeneinander stehen (»$0,\overline{9} < 1$«), während der Standardzugang den Schülern zuweilen kontraintuitiv nahelegt, Folge und Grenzwert zu identifizieren (»$0,\overline{9} = 1$«).

---

liche Formulierung etwa: »Eine T e i l f o l g e einer reellen Folge (a_n) erhält man, indem man unendlich viele Glieder von (a_n) auswählt, in der ursprünglichen Reihenfolge beläßt und mit den natürlichen Zahlen neu durchnumeriert.«

[19] Der Beweis bei LINGENBERG 15f läßt sich noch allgemeiner interpretieren: Auch arithmetisch sind die Definitionen der Ableitung über infinitesimale hyperreelle Zahlen einerseits oder über Grenzwerte andererseits letztlich gleichbedeutend.

10. Philosophische Hintergründe

Die Bedeutung der hyperreellen Zahlen liegt nicht nur in ihrem di-
daktischen Nutzen, den dieses Büchlein erschließen wollte. Wer in
der Standardanalysis sozialisiert wurde, neigt dazu, die reellen Zahlen
für die ›ganze Wahrheit‹ zu halten und sie insbesondere mit der Zahlengeraden gleichzusetzen. Daß das nicht stimmen kann, weiß man
im Grunde seit der Antike: Eine Zahl entspricht auf der Zahlengeraden einem Punkt,[20] ein Punkt hat Ausdehnung Null, und schon
eine Strecke endlicher Ausdehnung kann nicht allein durch ›Addition‹ der auf ihr liegenden Punkte zusammengesetzt werden. Ähnlich
antwortete Aristoteles auf Zenons Paradox vom fliegenden Pfeil: Zu
einem beobachteten Zeitpunkt, einem ›Jetzt‹, so rekonstruieren wir
Zenons Argument, befinde sich der Pfeil an einem festen Ort, und
zwar bewegungslos, weil der ausdehnungslose Punkt keine Bewegung
zulasse; da das für jedes ›Jetzt‹ gelte, bleibe der Pfeil, auch über einen
Zeitabschnitt hinweg betrachtet, unbewegt. Wie Aristoteles sah, setzt
Zenon voraus, daß der Zeitabschnitt, ein Kontinuum, nicht mehr
sei als die Zusammenfassung der in ihm enthaltenen Zeitpunkte. So
führt das Paradox diese Auffassung des Kontinuums *ad absurdum*.[21]

---

[20] Näheres dazu unten ganz am Ende des Anhangs.

[21] Aristoteles zitiert in *Physik* 239b30 (= Zenon *Frg.* 29 A 27 Diels-Kranz) Zenon mit
der Behauptung, ὅτι ἡ ὀιστὸς φερομένη ἔστηκεν – »daß der fliegende Pfeil still-
stehe«, und antwortet: συμβαίνει δὲ παρὰ τὸ λαμβάνειν τὸν χρόνον συγκεῖσθαι
ἐκ τῶν νῦν· μὴ διδομένου γὰρ τούτου οὐκ ἔσται ὁ συλλογισμός – »Das ergibt
sich aber wegen der Annahme, die Zeit sei aus den ›Jetzt‹-Punkten zusammengesetzt; wenn dies nämlich nicht gegeben ist, wird der Schluß nicht existieren«.
Aristoteles war gegen die frühere griechische Philosophie zur Erkenntnis gelangt,
daß das Kontinuum nicht aus Punkten bestehen kann, und dieser Auffassung
wurde noch bis in die jüngere Neuzeit im wesentlichen nicht widersprochen
(Bedürftig/Murawski/Kuhlemann 207 – 209. 225).

Ein modernes Pendant zu Zenons Pfeil ist das Banach-Tarski-Paradox: Eine Kugel kann in fünf Teile zerlegt werden, die, neu zusammengesetzt, zwei Kugeln von jeweils gleicher Größe wie die ursprüngliche ergeben. Wie bei Zenon wird der jeder Erfahrung widersprechende Schluß dadurch möglich, daß ein – hier dreidimensionales – Kontinuum als Menge von Punkten aufgefaßt wird.[22]

Aus diesen Problemen helfen die hyperreellen Zahlen unmittelbar noch nicht: Sie finden zwar, wie wir gesehen haben, ebenfalls auf der Zahlengeraden, zwischen den reellen Zahlen, ihren Platz; aber die hyperreellen Punkte sind wie die reellen ausdehnungslos, und das Kontinuum der Geraden läßt sich immer noch nicht aus den einzelnen Punkten zusammensetzen.[23]

---

[22] Gut verständliche Darstellungen findet man über den Wikipedia-Artikel *Banach-Tarski-Paradoxon*. Als Verursacher des Widerspruchs wird oft allein das Auswahlaxiom genannt, aber das greift viel zu kurz. Karl KUHLEMANN schreibt auf seiner Netzseite (https://www.karlkuhlemann.net; abgerufen am 26. Januar 2025): »So ist das Banach-Tarski-Paradoxon eine Gemeinschaftstat der Axiome von ZFC mit den drei ›Hauptschuldigen‹ Unendlichkeitsaxiom, Potenzmengenaxiom und Auswahlaxiom. Und es führt noch einmal deutlich vor Augen, dass $\mathbb{R}^3$ nicht der Anschauungsraum ist, sondern nur ein mengentheoretisches Modell desselben. Dieses Modell […] hat auch kontraintuitive Konsequenzen«.

[23] Anders formuliert LAUGWITZ *1986* 228 – 230 bei seiner Behandlung des Zenon-Paradoxons. Sinngemäß wiedergegeben, postuliert Laugwitz, daß die Bewegung des Pfeils, also die Manifestation des Kontinuums, beispielsweise zwischen den Zeitpunkten t und $t + dt$ stattfinden müsse: Meß-, also beobachtbar sind nur die reellen Zahlen, und wenn empirisch eine Bewegung zu beobachten sei, diese aber nicht in den reellen, ausdehnungslosen Zeitpunkten ablaufen könne, so müsse sie eben im nicht meß- und beobachtbaren Bereich, also auf hyperreellen Abschnitten der Zeitachse stattfinden. Das scheint aber die Annahme vorauszusetzen, daß es keine dritte Möglichkeit gebe, daß also die Zeitachse durch die hyperreellen Zahlen schon vollständig beschrieben werde — gegen LAUGWITZ selbst *1986* 228 und schon *1978* 17f.

Doch erlauben die neuen Zahlen, ›unendlich tief‹ in die Gerade hineinzublicken: Wenn wir die Zahlengerade mit dem Faktor Ω strecken, wird das infinitesimale ω die sichtbare Einheit. In diesem Maßstab liegen aber ω^2 und überhaupt alle infinitesimalen Vielfachen von ω immer noch in der infinitesimalen Nähe der Null. Eine weitere Streckung um Ω brächte ω^2 in den sichtbaren Bereich; ω wäre dann schon unendlich weit rechts. Man könnte immer weiter vergrößern und fände tief unterhalb der Ebene der reellen Zahlen immer neue Schichten ›unendlicher Kleinheit‹. Das geht sogar unendlich oft, denn nichts spricht dagegen, nach Ω^2, Ω^3 usw. auch den Faktor Ω^Ω zu benutzen.

Auch diese Entdeckungen können, wie gesagt, das Kontinuum der Geraden nicht vollständig erfassen.[24] Vielleicht ist aber gerade der eben beschriebene unendlich fortsetzbare Prozeß des ›Eintauchens‹ in die Gerade eine gute gedankliche Annäherung an das Rätsel des Kontinuums.[25] Nicht zuletzt die Möglichkeit einer Aussage wie »$0,\overline{9} < 1$« läßt ahnen, daß die hyperreellen Zahlen eine genauere Modellierung der Realität liefern als die reellen.[26] Sie wären dann nicht nur der leichtere[27], sondern sogar der bessere Zugang zur Analysis.

---

[24] »Auch mit den infinitesimalen und infiniten Zahlen ist das Kontinuum *nicht ausgeschöpft.* […] Das Kontinuum ist *unerschöpflich*« (Bedürftig/Murawski/Kuhlemann 245f; Hervorhebungen im Original).

[25] Vgl. Laugwitz *1978* 17.

[26] Landers/Rogge 2: »Gerade in den angewandten Wissenschaften hat sich gezeigt, daß der Nichtstandard-Bereich *$\mathbb{R}$ zur Modellbildung häufig besser geeignet ist als der klassische Bereich $\mathbb{R}$ der reellen Zahlen.« Ausführlicher dazu Kuhlemann *2022a* 211 – 213.

[27] Kuhlemann *2022a* 82 – 88 berichtet von mehreren Studien, die nachwiesen, daß Universitätskurse auf Nichtstandardgrundlage verbesserte Lernerfolge auch für die Standardinhalte erzielten.

Anhang

Übungen zu den hyperreellen Zahlen

1. Entscheiden Sie, ob die beiden Folgen dieselbe hyperreelle Zahl definieren.

a) $(4; 3; 2; 1; 5; 6; 7; 8; 9; \dots)$ und $(1; 2; 3; 4; 5; 6; 7; 8; 9; \dots)$

b) $(\frac{1}{2}; \frac{3}{4}; \frac{7}{8}; \frac{15}{16}; \frac{31}{32}; \dots)$ und $(1; 1; 1; 1; 1; \dots)$

c) $(1; 0; -1; 0; 1; 0; -1; 0; 1; \dots)$ und $\left(\sin\left(\frac{n}{2}\pi\right)\right)$

d) $(1; \frac{1}{2}; \frac{1}{3}; \frac{1}{4}; \frac{1}{5}; \frac{1}{6}; \dots)$ und $(\frac{1}{2}; \frac{1}{3}; \frac{1}{4}; \frac{1}{5}; \frac{1}{6}; \dots)$

2. Berechnen Sie, indem Sie alle Zahlen (auch die reellen!) als Folgen schreiben:

a) $\Omega - 1$ **b)** $2\omega \cdot \Omega$ **c)** $\frac{\Omega + 1}{\Omega}$ **d)** $\sqrt{(-\Omega)^2}$ **e)** $|\cos(\Omega \cdot \pi)|$

3. Sind die folgenden hyperreellen Zahlen infinitesimal, reell, einer reellen Zahl infinitesimal benachbart oder infinit? Geben Sie bei finiten Zahlen den Standardteil an.

a) $(\sqrt{2}; \sqrt{2}; \sqrt{2}; \dots)$

b) $(\frac{1}{10}; \frac{1}{100}; \frac{1}{1.000}; \frac{1}{10.000}; \dots)$

c) $(2; \frac{3}{2}; \frac{4}{3}; \frac{5}{4}; \dots)$

d) $(\frac{1}{2}; \frac{1}{4}; \frac{1}{8}; \frac{1}{16}; \dots)$

e) $(2; 2; 3; 2; 1; 2; 2; 2; 2; 2; 2; \dots)$

f) $(3{,}1; 3{,}14; 3{,}141; 3{,}1415; 3{,}14159; \dots)$

g) $(2; 1; \frac{2}{3}; \frac{2}{4}; \frac{2}{5}; \dots)$

h) $(1; 4; 9; 16; 25; \dots)$

i) $(0{,}9; 0{,}99; 0{,}999; \dots)$ (Tip: Subtrahieren Sie diese Zahl von 1.)

Lösungen

1. a) Ja.   **b)** Nein. (Die Folgenglieder sind auf allen Platznummern unterschiedlich.)   **c)** Ja.   **d)** Nein. (Die Folgenglieder sind auf allen Platznummern unterschiedlich: $1 \neq \frac{1}{2}$; $\frac{1}{2} \neq \frac{1}{3}$; usw.)

2. a) $\Omega - 1 = (1;\ 2;\ 3;\ 4;\ \dots) - (1;\ 1;\ 1;\ 1;\ \dots) = (0;\ 1;\ 2;\ 3;\ \dots)$

b) $2\omega \cdot \Omega = (2;\ 2;\ 2;\ 2;\ \dots) \cdot (1;\ \frac{1}{2};\ \frac{1}{3};\ \frac{1}{4};\ \dots) \cdot (1;\ 2;\ 3;\ 4;\ \dots)$
$= (2;\ \frac{2}{2};\ \frac{2}{3};\ \frac{2}{4};\ \dots) \cdot (1;\ 2;\ 3;\ 4;\ \dots) = (2;\ 2;\ 2;\ 2;\ \dots) = 2$

c) $\frac{\Omega+1}{\Omega} = \frac{(1;\ 2;\ 3;\ 4;\ \dots)+(1;\ 1;\ 1;\ 1;\ \dots)}{(1;\ 2;\ 3;\ 4;\ \dots)} = \frac{(2;\ 3;\ 4;\ 5;\ \dots)}{(1;\ 2;\ 3;\ 4;\ \dots)} = \left(2;\ \frac{3}{2};\ \frac{4}{3};\ \frac{5}{4};\ \dots\right)$

d) $\sqrt{(-\Omega)^2} = \sqrt{(-1;\ -2;\ -3;\ -4;\ \dots)^2}$
$= \sqrt{(-1;\ -2;\ -3;\ -4;\ \dots) \cdot (-1;\ -2;\ -3;\ -4;\ \dots)}$
$= \sqrt{(1;\ 4;\ 9;\ 16;\ \dots)} = \left(\sqrt{1};\ \sqrt{4};\ \sqrt{9};\ \sqrt{16};\ \dots\right)$
$= (1;\ 2;\ 3;\ 4;\ \dots) = \Omega$

e) $\left|\cos(\Omega \cdot \pi)\right| = \left|\cos\left((1;\ 2;\ 3;\ 4;\ \dots) \cdot (\pi;\ \pi;\ \pi;\ \pi;\ \dots)\right)\right|$
$= \left|\cos\left((\pi;\ 2\pi;\ 3\pi;\ 4\pi;\ \dots)\right)\right|$
$= \left|(\cos\pi;\ \cos 2\pi;\ \cos 3\pi;\ \cos 4\pi;\ \dots)\right|$
$= \left|(-1;\ 1;\ -1;\ 1;\ \dots)\right| = (|-1|;\ |1|;\ |-1|;\ |1|;\ \dots)$
$= (1;\ 1;\ 1;\ 1;\ \dots) = 1$

3. a) Reell, Standardteil $\sqrt{2}$.   **b)** Infinitesimal, Standardteil 0.
c) Wegen $\left(\frac{n+1}{n}\right) = \left(\frac{n}{n}\right) + \left(\frac{1}{n}\right) = 1 + \omega$ infinitesimal benachbart zur 1 (also Standardteil 1).   **d)** Infinitesimal, Standardteil 0.   **e)** Reell, Standardteil 2.   **f)** Infinitesimal benachbart zu π.   **g)** Infinitesimal, Standardteil 0.   **h)** Infinit.   **i)** Infinitesimal benachbart zur 1.   Rechnung dazu: $1 - (0{,}9;\ 0{,}99;\ 0{,}999;\ \dots) =$ $(1;\ 1;\ 1;\ \dots) - (0{,}9;\ 0{,}99;\ 0{,}999;\ \dots) = (0{,}1;\ 0{,}01;\ 0{,}001;\ \dots) =$ $(\frac{1}{10};\ \frac{1}{100};\ \frac{1}{1000};\ \dots) = $ infinitesimal.

4. Ist das Ergebnis infinitesimal, reell, finit oder infinit? Keine der beteiligten Zahlen sei dabei Null. Vorsicht: Nicht immer gibt es eine Antwort, die in jedem Einzelfall richtig ist.

   a) reell plus infinitesimal

   b) reell plus infinit

   c) finit minus infinitesimal

   d) infinitesimal mal infinitesimal

   e) infinitesimal durch infinitesimal

   f) infinit durch finit

   g) infinit mal infinitesimal

5. Setzen Sie passend <, > oder = ein.

   a) 2ω ____ ω b) $\sqrt{\omega}$ ____ ω c) ω ____ $\frac{1}{n}$ $(n \in \mathbb{N})$

   d) ω ____ $\left(\frac{1}{n}\right)$ $(n \in \mathbb{N})$ e) $\sqrt{\omega} \cdot \Omega$ ____ 100 f) $-\omega^2$ ____ 0

6. Berechnen Sie die Werte der Funktionen an den Stellen ω und Ω und geben Sie, falls möglich, den Standardteil an. Lösen Sie die Aufgaben jeweils einmal in Symbolschreibweise und einmal, indem Sie die Zahlen als Folgen schreiben.

   a) $f(x) = x^2 + 1$ b) $f(x) = \frac{1}{x}$ c) $f(x) = 2^{-x}$

4. a) finit;   **b)** infinit;   **c)** finit, möglicherweise reell;   **d)** infinitesimal;   **e)** unbestimmt (vgl. $\frac{\omega^2}{\omega}$; $\frac{\omega}{\omega}$; $\frac{\omega}{\omega^2}$);   **f)** infinit;   **g)** unbestimmt (vgl. $\Omega \cdot \omega^2 = \frac{1}{\omega} \cdot \omega^2 = \omega$; $\Omega \cdot \omega = 1$; $\Omega^2 \cdot \omega = \frac{1}{\omega^2} \cdot \omega = \frac{1}{\omega} = \Omega$).

5. a) $>$;   **b)** $>$ (für $n > 1$ ist $\sqrt{n} < n$, also $\frac{1}{\sqrt{n}} > \frac{1}{n}$);   **c)** $<$ (infinitesimal $<$ reell);   **d)** $=$;   **e)** $>$ ($\sqrt{\omega} \cdot \Omega = \sqrt{\omega} \cdot \frac{1}{\omega} = \frac{1}{\sqrt{\omega}} =$ infinit);   **f)** $<$.

6. a) $f(\omega) = \omega^2 + 1$; $\mathrm{st}(\omega^2 + 1) = 1$; $f(\Omega) = \Omega^2 + 1$.
   $f\left((1; \frac{1}{2}; \frac{1}{3}; \dots)\right) = (2; \frac{5}{4}; \frac{10}{9}; \dots)$;
   $\mathrm{st}\left((2; \frac{5}{4}; \frac{10}{9}; \dots)\right) = \mathrm{st}\left((1+1; \frac{1}{4}+1; \frac{1}{9}+1; \dots)\right)$
   $\quad = \mathrm{st}\left((1; \frac{1}{4}; \frac{1}{9}; \dots)\right) + \mathrm{st}\left((1; 1; 1; \dots)\right) = 0 + 1 = 1$;
   $f\left((1; 2; 3; 4; 5; \dots)\right) = (2; 5; 10; 17; 26; \dots)$.

b) $f(\omega) = \frac{1}{\omega} = \Omega$; $f(\Omega) = \frac{1}{\Omega} = \omega$; $\mathrm{st}(\omega) = 0$.
   $f\left((1; \frac{1}{2}; \frac{1}{3}; \dots)\right) = (1; 2; 3; \dots)$;
   $f\left((1; 2; 3; \dots)\right) = (1; \frac{1}{2}; \frac{1}{3}; \dots)$; $\mathrm{st}\left((1; \frac{1}{2}; \frac{1}{3}; \dots)\right) = 0$.

c) $f(\omega) = 2^{-\omega} = \frac{1}{2^{\omega}}$; $\mathrm{st}\left(\frac{1}{2^{\omega}}\right) = \frac{\mathrm{st}(1)}{\mathrm{st}(2^{\omega})} = \frac{1}{2^0} = 1$ ($2^{\omega} \simeq 2^0$ gilt wegen der Stetigkeit von 2^x);
   $f(\Omega) = 2^{-\Omega} = \frac{1}{2^{\Omega}}$; $\mathrm{st}\left(\frac{1}{2^{\Omega}}\right) = 0$.
   $f\left((1; \frac{1}{2}; \frac{1}{3}; \dots)\right) = (2^{-1}; 2^{-\frac{1}{2}}; 2^{-\frac{1}{3}}; \dots) = (\frac{1}{2}; \frac{1}{\sqrt{2}}; \frac{1}{\sqrt[3]{2}}; \dots)$;
   $\mathrm{st}\left((\frac{1}{2}; \frac{1}{\sqrt{2}}; \frac{1}{\sqrt[3]{2}}; \dots)\right) = 1$ (die n-ten Wurzeln aus 2 nähern sich immer mehr der 1 an);
   $f\left((1; 2; 3; \dots)\right) = (2^{-1}; 2^{-2}; 2^{-3}; \dots) = (\frac{1}{2}; \frac{1}{4}; \frac{1}{8}; \dots)$;
   $\mathrm{st}\left((\frac{1}{2}; \frac{1}{4}; \frac{1}{8}; \dots)\right) = 0$.

7. Wie sieht der Graph der Funktion $f(x) = x^2$ in einem Koordinatensystem aus, dessen Einheit auf beiden Achsen Ω ist?

8. Seien ξ_1 und ξ_2 zwei finite Zahlen mit Standardteil r_1 und r_2; also $\xi_1 = r_1 + \alpha_1$ und $\xi_2 = r_2 + \alpha_2$, wobei α_1 und α_2 zwei infinitesimale Zahlen sind.

   a) Berechnen Sie $\mathrm{st}(\xi_1 + \xi_2)$ und $\mathrm{st}(\xi_1 \cdot \xi_2)$. (Dazu braucht man keine Folgenschreibweise.)

   b) Zeigen Sie, daß die Zerlegung einer finiten Zahl in Standardteil und infinitesimalen Anteil eindeutig ist, daß also aus $\xi_1 = \xi_2$ folgt: $r_1 = r_2$ und $\alpha_1 = \alpha_2$. (Schwierig! Es gibt aber einen schönen, sehr kurzen Beweis.)

7. Der Graph scheint mit dem nichtnegativen Teil der y-Achse identisch:

Die Koordinatenachsen sind mit Ω, 2Ω, 3Ω usw. beschriftet, zeigen also die reellen Vielfachen von Ω. An der Stelle Ω ist $y = \Omega^2 = \Omega \cdot \Omega$; das ist ein infinites Vielfaches von Ω, und der Graph ist hier in y-Richtung schon unendlich weit entfernt. Entsprechendes gilt bei jedem reellen Vielfachen von Ω, also auf der ganzen x-Achse außerhalb des Ursprungs. $(0|0)$ bleibt aber Punkt des Graphen, und jeder positive y-Wert des Koordinatensystems wird erreicht; $y = \Omega$ etwa, wegen $\sqrt{\Omega} = \frac{1}{\sqrt{\omega}} = \frac{\sqrt{\omega}}{\omega} = \sqrt{\omega} \cdot \Omega$, an den Stellen $\sqrt{\omega} \cdot \Omega$ und $-\sqrt{\omega} \cdot \Omega$. Diese x-Werte sind infinitesimale Vielfache von Ω, also in unserem Koordinatensystem unendlich nah an der y-Achse.

8. **a)** $\mathrm{st}(\xi_1 + \xi_2) = \mathrm{st}(r_1 + \alpha_1 + r_2 + \alpha_2) = \mathrm{st}(r_1 + r_2 + \alpha_1 + \alpha_2) = r_1 + r_2$
$= \mathrm{st}(\xi_1) + \mathrm{st}(\xi_2)$
$\mathrm{st}(\xi_1 \cdot \xi_2) = \mathrm{st}\big((r_1 + \alpha_1) \cdot (r_2 + \alpha_2)\big) = \mathrm{st}(r_1 r_2 + r_1 \alpha_2 + \alpha_1 r_2 + \alpha_1 \alpha_2)$
$= r_1 \cdot r_2 = \mathrm{st}(\xi_1) \cdot \mathrm{st}(\xi_2)$

b) $\xi_1 = \xi_2 \quad \Leftrightarrow \quad r_1 + \alpha_1 = r_2 + \alpha_2 \quad \Leftrightarrow \quad r_1 - r_2 = \alpha_2 - \alpha_1$.
In der letzten Gleichung steht links eine reelle, rechts eine infinitesimale Zahl. Die einzige Zahl, die sowohl reell als auch infinitesimal ist, ist die Null. Aus $r_1 - r_2 = 0$ und $\alpha_2 - \alpha_1 = 0$ folgen $r_1 = r_2$ und $\alpha_1 = \alpha_2$.

2. Äquivalenzrelationen und Äquivalenzklassen

Bei der Konstruktion der hyperreellen Zahlen spielte der Begriff der
Äquivalenzrelation eine wichtige Rolle. Eine Relation ‚$\sim$' zwischen
Elementen einer Menge M ist eine Ä q u i v a l e n z r e l a t i o n ,
wenn sie folgende drei Eigenschaften hat:

1. *Reflexivität*: Für alle $x \in M$ gilt $x \sim x$.
2. *Symmetrie*:   Aus $x \sim y$ folgt $y \sim x$.
3. *Transitivität*: Aus $x \sim y$ und $y \sim z$ folgt $x \sim z$.

Das einfachste Beispiel einer Äquivalenzrelation ist die Gleichheit
(‚$=$'): Jedes Element ist zu sich selbst gleich (*Reflexivität*); wenn a
zu b gleich ist, so auch b zu a (*Symmetrie*); aus $a = b$ und $b = c$
folgt $a = c$ (*Transitivität*). Im übrigen erschließt sich der Sinn der drei
Eigenschaften vielleicht am leichtesten, wenn man über Beispiele von
Relationen nachdenkt, denen einzelne Eigenschaften fehlen:

- Die ‚$<$'-Beziehung auf $\mathbb{R}$ ist zwar transitiv, aber weder reflexiv
  noch symmetrisch;
- die Ungleichheit ‚$\neq$' (auf einer beliebigen Menge) ist symmetrisch, aber weder reflexiv noch transitiv;
- in einer größeren Gruppe von Menschen ist »A mag B« in der
  Regel reflexiv, oft symmetrisch, aber meist nicht transitiv;[28]
- beim Spiel »Schere, Stein, Papier« ist »gewinnt gegen« weder
  reflexiv noch symmetrisch noch transitiv.

Eine Äquivalenzrelation erzeugt auf ihrer Menge eine Einteilung in
Ä q u i v a l e n z k l a s s e n ; dabei besteht eine Klasse aus allen
Elementen, die zueinander in Relation stehen. Beispielsweise ist »läßt
bei Division durch 3 denselben Rest wie« eine Äquivalenzrelation auf

---

[28] Falls Sie Zweifel an der Nicht-Transitivität haben: Mag Ihr Lebenspartner jeden
Ihrer Freunde?

der Menge der ganzen Zahlen; dann bilden die Vielfachen von 3 eine Klasse, die Zahlen, die den Rest 1 lassen, eine zweite und die übrigen, mit Rest 2, eine dritte.

Die Gesamtheit der Äquivalenzklassen zu einer Relation $\sim$ auf einer Menge M wird mit $M/\!\sim$ bezeichnet. Sie ergibt immer eine disjunkte Überdeckung der Menge M: Kein Element kann in mehr als einer Klasse liegen, aber in einer muß es liegen. Die Ursprungsmenge teilt sich also vollständig in elementfremde Äquivalenzklassen auf. Um das zu beweisen, bezeichnen wir die Klasse aller Elemente, die zu einem Element a aus M in Relation stehen, kurz als $[a]_\sim$; oder formal ausgedrückt:

$$[a]_\sim := \{x \in M \mid x \sim a\} \ .$$

Eine solche Klasse ist nie leer, denn sie enthält wegen der Reflexivität, also wegen $a \sim a$, mindestens a selbst; jedes Element liegt also in einer von ihm selbst erzeugten Äquivalenzklasse. Andererseits kann a wegen der Transitivität nicht zu zwei verschiedenen Klassen gehören: Sei $a \in [b]_\sim$ und $a \in [c]_\sim$, dann gilt wegen $b \sim a$ und $a \sim c$ auch $b \sim c$. Das bedeutet, daß b in $[c]_\sim$ enthalten ist. Jedes Element, das zu b äquivalent ist, ist wegen der Transitivität auch zu c äquivalent; also liegt mit b auch schon die ganze Klasse $[b]_\sim$ in $[c]_\sim$. Aus den gleichen Gründen ist umgekehrt $[c]_\sim$ in $[b]_\sim$ enthalten, und das heißt kurz: Die Klassen $[b]_\sim$ und $[c]_\sim$ sind gleich.

Vorhin hatten wir die ganzen Zahlen in drei sogenannte »Restklassen« zerlegt; die oben beschriebene Menge $\mathbb{Z}/\!\sim$ hat also nur drei Elemente, nämlich $[0]_\sim$, $[1]_\sim$ und $[2]_\sim$. Eine Klasse $[3]_\sim$ gibt es auch, aber sie ist identisch mit der Klasse $[0]_\sim$. Ebenso sind $[4]_\sim$ und $[1]_\sim$ identisch; man sagt: 3 und 0 sind unterschiedliche R e p r ä s e n t a n t e n derselben Äquivalenzklasse, ebenso 4 und 1.

Wenn es in der Grundmenge M Rechenarten gibt, lassen sich diese auf die Äquivalenzklassen übertragen. Man kann in $\mathbb{Z}/_\sim$ ähnlich rechnen wie in $\mathbb{Z}$; die Gleichung

$$[1]_\sim + [1]_\sim = [2]_\sim$$

bringt letztlich zum Ausdruck: »Wenn man zwei Zahlen, die bei Division durch 3 den Rest 1 lassen, addiert, läßt die Summe den Rest 2.«

Aber auch $[1]_\sim + [2]_\sim = [0]_\sim$ und $[2]_\sim \cdot [2]_\sim = [1]_\sim$ sind hier korrekte Rechnungen, denn

$$[1]_\sim + [2]_\sim = [1 + 2]_\sim = [3]_\sim = [0]_\sim$$

und

$$[2]_\sim \cdot [2]_\sim = [2 \cdot 2]_\sim = [4]_\sim = [1]_\sim \,.$$

Für das Rechenergebnis spielt grundsätzlich keine Rolle, welchen Repräsentanten einer Klasse man für die Rechnung nimmt: $[4]_\sim + [1]_\sim = [5]_\sim = [2]_\sim$ führt zum selben Resultat wie $[1]_\sim + [1]_\sim$.

Die durch Äquivalenzklassenbildung aus $\mathbb{Z}$ gewonnene Menge hat also, was die Rechenregeln angeht, ähnliche, aber nicht genau dieselben Eigenschaften wie die Ursprungsmenge. Das ist der Grund, warum Äquivalenzklassenbildungen ein kraftvolles Instrument zur Erzeugung neuer Rechenobjekte, also neuer Zahlen sind.

Im Schulunterricht kennt man das eigentlich seit der fünften Klasse; nämlich bei den rationalen Zahlen.

Konstruktion der rationalen Zahlen

Schon bei den Brüchen gehen die Schüler mit Äquivalenzklassen um, ohne daß das je explizit gesagt würde: $\frac{2}{6}$ beschreibt dieselbe Zahl wie $\frac{1}{3}$ (weil die beiden Brüche zwar verschieden sind, aber in derselben Äquivalenzklasse liegen); man darf einen Bruch kürzen oder erweitern (weil man dabei die Äquivalenzklasse nicht verläßt); wenn eine Definition der rationalen Zahlen gegeben werden soll, lernen die Schüler korrekterweise nicht »Rationale Zahlen sind Brüche ganzer Zahlen«, sondern »Rationale Zahlen lassen sich als Bruch aus ganzen Zahlen schreiben« (weil die rationalen Zahlen nicht Brüche *sind*, sondern Äquivalenzklassen von Brüchen und Äquivalenzklassen nur vereinfachend durch einen einzelnen Repräsentanten bezeichnet werden).

Eine präzise Konstruktion der rationalen Zahlen aus den ganzen Zahlen sähe beispielsweise so aus: Einen Ausdruck der Form $\frac{a}{b}$, mit $a \in \mathbb{Z}$ und $b \in \mathbb{Z} \setminus \{0\}$, nennen wir einen *Bruch*. Wir erklären eine Äquivalenzrelation auf der Menge der Brüche durch

$$\frac{a}{b} \sim \frac{c}{d} :\Leftrightarrow ad = bc.$$

Jede Äquivalenzklasse $\left[\frac{a}{b}\right]_\sim$ heißt eine *rationale Zahl*. Die Menge der rationalen Zahlen erhält den Namen $\mathbb{Q}$.

Diese Äquivalenzrelation stimmt mit unserer Vorstellung äquivalenter Brüche überein: Wenn der zweite Bruch durch Erweiterung aus dem ersten hervorgeht, hat er die Form $\frac{ca}{cb}$; dann gilt wegen Assoziativität und Kommutativität der Multiplikation ganzer Zahlen $a \cdot cb = b \cdot ca$, und die Brüche sind äquivalent. Umgekehrt läßt sich ein zu $\frac{a}{b}$ äquivalenter Bruch $\frac{c}{d}$ zu $\frac{ab \cdot c}{ab \cdot d}$ erweitern und dies über $\frac{ab \cdot c}{ab \cdot d} = \frac{a \cdot bc}{b \cdot ad} = \frac{a \cdot bc}{b \cdot bc}$ zu einer Erweiterung von $\frac{a}{b}$ umformen; zwei äquivalente Brüche haben also eine gemeinsame Erweiterung.

Von den drei Eigenschaften einer Äquivalenzrelation sind Reflexivität und Symmetrie trivialerweise erfüllt, die Transitivität rechnen wir nach: Es seien $\frac{a}{b} \sim \frac{c}{d}$ und $\frac{c}{d} \sim \frac{e}{f}$, also $ad = bc$ und $cf = de$. Mit $c = 0$ sind auch a und e Null (weil d nicht Null sein kann), und $af = be$ ist sofort erfüllt. Für $c \neq 0$ rechnet man: $af \cdot c = a \cdot cf = a \cdot de = ad \cdot e = bc \cdot e = be \cdot c$. Da es in $\mathbb{Z}$ keine zwei verschiedenen Zahlen geben kann, die mit $c \neq 0$ multipliziert dasselbe Produkt ergeben, folgt aus $af \cdot c = be \cdot c$ direkt $af = be$.[29] Damit ist $\frac{a}{b}$ äquivalent zu $\frac{e}{f}$.

Schließlich gehört zur Konstruktion von $\mathbb{Q}$ auch noch die Definition der Rechenarten. Für Addition und Subtraktion legt man fest

$$\frac{a}{b} + \frac{c}{d} := \frac{ad + bc}{bd} \qquad \text{und} \qquad \frac{a}{b} - \frac{c}{d} := \frac{ad - bc}{bd},$$

für Multiplikation und Division

$$\frac{a}{b} \cdot \frac{c}{d} := \frac{ac}{bd} \qquad \text{und} \qquad \frac{a}{b} : \frac{c}{d} := \frac{ad}{bc};$$

wie oben bei den Restklassen setzen sich diese Verknüpfungen nach dem Muster

$$\left[\frac{a}{b}\right]_\sim + \left[\frac{c}{d}\right]_\sim := \left[\frac{a}{b} + \frac{c}{d}\right]_\sim$$

von den Brüchen auf ihre Äquivalenzklassen fort.

Wenn man jede ganze Zahl $z \in \mathbb{Z}$ mit der Äquivalenzklasse $\left[\frac{z}{1}\right]_\sim$ identifiziert, werden die ganzen Zahlen zu einer Teilmenge von $\mathbb{Q}$; man sagt: »$\mathbb{Z}$ läßt sich in $\mathbb{Q}$ einbetten«. Wer die vier eben definierten Rechenarten durchprobiert, wird feststellen, daß Summe, Differenz und Produkt zweier ganzer Zahlen wieder ganze Zahlen sind (im Rechenergebnis steht immer $1 \cdot 1$ unter dem Bruchstrich), während die Division eine Äquivalenzklasse ergibt, die nur dann einen Bruch der Form $\frac{z}{1}$ enthält, wenn der Dividend durch den Divisor teilbar ist. Doch ist durch die Einbettung in $\mathbb{Q}$ die Division zweier ganzer Zahlen überhaupt allgemein möglich geworden; und das ist bekanntlich der eigentliche Zweck der Konstruktion.

---

[29] Die Gleichung auf beiden Seiten durch c dividieren kann man natürlich nicht; eine Division ist auf $\mathbb{Z}$ im allgemeinen nicht erklärt, und wir dürfen in der ganzen Konstruktion nur mit Addition, Subtraktion und Multiplikation arbeiten.

Die hinter der so grundlegenden und von Schülern als selbstverständlich hingenommenen Konstruktion der rationalen Zahlen liegende Mathematik ist also auch schon weniger trivial, als man möglicherweise vermutet hätte. Umgekehrt nimmt sich aber auch in diesem Licht die Konstruktion der hyperreellen Zahlen aus den reellen (oben II. 2) vielleicht nicht mehr ganz so exotisch aus.

3. Konstruktion der reellen Zahlen

Nachdem außer der Konstruktion der hyperreellen Zahlen auch die der rationalen Zahlen dargestellt und die der komplexen in II. 2 wenigstens kurz angedeutet wurde, sei hier abschließend noch die der reellen Zahlen aus den rationalen skizziert. Die Konstruktion über die sogenannten *Dedekindschen Schnitte* läßt sich in den Grundzügen auch im Schulunterricht nachvollziehen[30] und kann das Bewußtsein dafür schärfen, daß die reellen Zahlen ebensowenig naturgegeben sind wie die hyperreellen oder die komplexen. Die Zahlobjekte selbst, offene, unendliche Teilmengen von $\mathbb{Q}$, sind sogar vielleicht noch fremdartiger als diejenigen, aus denen $\mathbb{Q}$, $\mathbb{C}$ bzw. $^*\mathbb{R}$ konstruiert werden, denn die Paare ganzer und reeller Zahlen schreibt man ohne weiteres explizit hin, und selbst bei Folgen reeller Zahlen ist das noch – unvollständig – möglich. Unsere neuen Zahlobjekte werden dagegen lediglich *be*schrieben, und das Rechnen mit diesen Objekten wird sich als recht unhandlich erweisen.

---

[30] Eine Möglichkeit der Einführung von Wurzeln im Unterricht besteht ja darin, die Schüler durch Probieren mit dem Taschenrechner die Kantenlänge suchen zu lassen, mit der ein Quadrat einen Flächeninhalt von genau 2 cm^2 erhält. Mit der Beobachtung, daß man (innerhalb der Rundungsgenauigkeit des Rechners) nur rationale Zahlen findet, die zuviel oder zuwenig Fläche liefern, ist bereits der Grundgedanke eines Dedekindschen Schnitts formuliert.

Die Zahlobjekte

Sei L eine nichtleere, echte Teilmenge von $\mathbb{Q}$ mit den folgenden zwei Eigenschaften:

  1. Jede Zahl in der Menge ist kleiner als jede Zahl außerhalb.
     Formal: Aus $a \in L$ und $b \notin L$ folgt $a < b$.
  2. Die Menge hat kein größtes Element.
     Formal: Aus $a \in L$ folgt $\exists b \in L : a < b$.

Was ergibt sich aus dieser Beschreibung? »Nichtleer« bedeutet, L enthält mindestens eine rationale Zahl; »echte Teilmenge« bedeutet, es gibt mindestens eine rationale Zahl, die nicht in L liegt, und zwar, wegen Eigenschaft 1., weiter rechts auf der Zahlengeraden.[31] Irgendwo dazwischen muß es eine einzige Grenze zwischen L und Nicht-L geben, denn wenn man nach links einmal auf eine Zahl aus L gestoßen ist, können weiter links nur noch Zahlen aus L liegen weil sonst Eigenschaft 1. verletzt würde. Ebenso können rechts von einer Nicht-L-Zahl nur noch weitere Nicht-L-Zahlen liegen.

Da alle rationalen Zahlen entweder in L oder in Nicht-L liegen, wird also die Zahlengerade durch die erste Eigenschaft an einer beliebigen Stelle durchschnitten, und die Menge aller rationalen Zahlen links von dieser Schnittstelle bildet genau die Menge L. Die Schnittstelle selbst darf nicht zu L gehören, denn sonst wäre sie entgegen der zweiten Eigenschaft größtes Element in L:

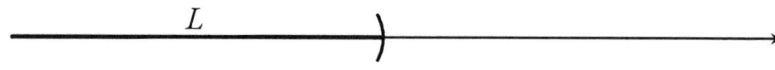

---

[31] Für das Folgende ist empfehlenswert, sich gegenwärtig zu halten, daß der Begriff »Zahlengerade« eine »Gerade, auf der Zahlen liegen« bezeichnet, nicht etwa eine »Gerade, die aus Zahlen besteht«; vgl. dazu oben den Abschnitt II. 10.

Ursprünglich bestand ein Dedekindscher Schnitt aus dem Paar $(L; R)$ der Menge L und ihres Komplements R in $\mathbb{Q}$; da aber die rechte Menge R keinerlei besondere Bedingungen erfüllen muß, ist der Schnitt erschöpfend beschrieben, sobald L beschrieben ist. Trotzdem lohnt es sich, über R nachzudenken.

Wenn man genau bei einer rationalen Zahl geschnitten hatte, muß diese Zahl in R liegen, denn R darf ein kleinstes, L aber kein größtes Element haben. Beispielsweise hätte $L := \{q \in \mathbb{Q} \mid q < \frac{3}{4}\}$ die geforderten zwei Eigenschaften, und komplementär dazu wäre $R = \{q \in \mathbb{Q} \mid q \geq \frac{3}{4}\}$:

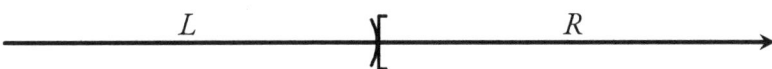

Der Schnitt kann aber auch ›zwischen‹ allen rationalen Zahlen liegen, wie im Falle $L := \{q \in \mathbb{Q} \mid q < 0 \text{ oder } q^2 < 2\}$. Da es eine positive Zahl, deren Quadrat genau 2 ist, in $\mathbb{Q}$ bekanntlich nicht gibt, ist das Komplement dazu $R = \{q \in \mathbb{Q} \mid q > 0 \text{ und } q^2 > 2\}$, und diese Menge hat, anders als eben, kein kleinstes Element:

Der erste Fall zeigt, daß man aus jeder rationalen Zahl eindeutig einen Dedekindschen Schnitt gewinnen kann, bei dem R ein kleinstes Element hat; umgekehrt ist ein solches kleinstes Element immer eine eindeutige rationale Zahl (da R wie L nur rationale Zahlen enthält). Man kann also die Menge dieser Schnitte mit $\mathbb{Q}$ identifizieren, so daß $\mathbb{Q}$ zu einer Teilmenge der Menge der Dedekindschen Schnitte wird. Der zweite Fall – R hat kein kleinstes Element – liefert hingegen neue Zahlobjekte, die es in $\mathbb{Q}$ noch nicht gab.

Die Rechenarten

Damit aus den eben beschriebenen Schnitten tatsächlich Zahlen werden, müssen wir Rechenarten definieren. Während sich die *Anordnung* unmittelbar aus der Teilmengenbeziehung ergibt:

$$L_1 \leq L_2 :\Leftrightarrow L_1 \subseteq L_2,$$

ist die Definition der Verknüpfungen weniger eingängig als in den bisher vorgestellten Konstruktionen. Wir belassen es bei einer kurzen Skizze und verzichten auf eine Diskussion der Eigenschaften.

Für die *Addition* bildet man alle Summen jeweils eines Elementes des ersten und des zweiten Summanden:

$$L_1 + L_2 := \{l_1 + l_2 \,|\, l_1 \in L_1 \text{ und } l_2 \in L_2\}.$$

Für die *Subtraktion* wird zunächst das ›Negative‹ eines Schnitts erklärt. Es reicht dabei nicht, alle Zahlen in einer Menge zusammenzufassen, deren Summen mit den Zahlen des Schnitts unter Null bleiben, denn eine solche Menge könnte ein größtes Element haben; so hätte $\{q \in \mathbb{Q} \,|\, l + q < 0 \text{ für } l < \frac{3}{4}\}$ ein Maximum, nämlich $-\frac{3}{4}$. Die Menge ist daher kein Schnitt und taugt nicht als Negatives zu $\{q \in \mathbb{Q} \,|\, q < \frac{3}{4}\}$. Eine brauchbare Definition lautet

$$-L := \{q \in \mathbb{Q} \,|\, \exists\, \varepsilon \in \mathbb{Q}, \varepsilon < 0, \text{ mit } l + q < \varepsilon \text{ für alle } l \in L\}$$

und macht die Festsetzung

$$L_1 - L_2 := L_1 + (-L_2)$$

möglich. Ähnlich eignet sich die naheliegende Definition der *Multiplikation*,

$$L_1 \cdot L_2 := \{l_1 \cdot l_2 \,|\, l_1 \in L_1 \text{ und } l_2 \in L_2\},$$

nur für positive Schnitte und muß in Handarbeit nach dem Muster

$$L_1 \cdot L_2 := -\big(L_1 \cdot (-L_2)\big) \quad \text{für} \quad L_1 > 0, L_2 < 0$$

auf die übrigen Fälle fortgesetzt werden (in »$L_1 > 0$« usw. steht »0« für »$\{q \in \mathbb{Q} \mid q < 0\}$«). Für die *Division* wird ein Kehrwert definiert, wieder erst nur für positive Schnitte:

$$L^{-1} := \{q \in \mathbb{Q} \mid \exists\, \varepsilon \in \mathbb{Q}, \varepsilon < 1, \text{ mit } l \cdot q < \varepsilon \text{ für alle } l \in L\}.$$

Für negative Schnitte setzt man $L^{-1} := -(-L)^{-1}$ fest, so daß schließlich

$$\frac{L_1}{L_2} := L_1 \cdot L_2^{-1}$$

erklärt werden kann.

Jeden Dedekindschen Schnitt nennt man dann eine r e e l l e Z a h l ; zusammen mit den oben definierten Verknüpfungen bilden die reellen Zahlen den Körper $\mathbb{R}$.

Schlußbetrachtung

Anders als im Fall der rationalen und der hyperreellen Zahlen handelt es sich bei den Dedekindschen Schnitten um eine Konstruktion von nur noch theoretischer Bedeutung; die so definierten Zahlen kann man zunächst einmal nicht in irgendwie handlicher Form hinschreiben, und die Rechenregeln eignen sich nicht für die praktische Anwendung.[32] Man behilft sich damit, daß man zum einen für häufig gebrauchte nicht-rationale Zahlen eigene Symbole wie $\sqrt{2}$ oder

---

[32] Die alternative Konstruktion der reellen Zahlen, den Ring der rationalen Cauchy-Folgen nach dem Ideal der gegen Null konvergierenden Folgen zu faktorisieren, ist mathematisch etwas weniger sperrig, aber für die Schule wohl nicht mehr geeignet. Für einen an der Nichtstandardanalysis orientierten Aufbau des Zahlensystems, wo Grenzwert und Konvergenz erst spät, nämlich als Nebenprodukt der hyperreellen Zahlen, anfallen, kommt sie ohnehin nicht in Frage.

π einführt, deren Eigenschaften durch Definition festgelegt werden $\left(\left(\sqrt{2} \right)^2 = 2 \text{ bzw. } \sin(\pi) = 0 \right)$, und sich im übrigen mit rationalen Näherungen (»$\sqrt{2} \approx 1,4142$«) oder unvollständigen Darstellungen begnügt: Bei »$\pi = 3,14159\ldots$« haben die Auslassungspunkte ja anders als bei »$\Omega = (1; 2; 3; \ldots)$« keine konkret entschlüsselbare Bedeutung mehr.

Auch ist durch die Konstruktion nichts über das ›Wesen‹ reeller Zahlen ausgesagt. Die Konstruktion der rationalen Zahlen übersetzt sich ohne Mühe ins Geometrische: Zu einer Zahl $\frac{z}{n}$ (z und n ganzzahlig, $n \neq 0$) teilt man die Einheitsstrecke mit Hilfe des ersten Strahlensatzes in $|n|$ gleich lange Strecken und trägt $|z|$ dieser Teilstrecken vom Ursprung aus an der Zahlengeraden ab, wobei sich die Richtung des Abtragens aus dem Vorzeichen von $z \cdot n$ ergibt. Demnach entspricht jede rationale Zahl einem Punkt auf der Zahlengeraden. Ähnliches würden wir uns von reellen Zahlen ebenfalls wünschen, denn einer Zahl sollte ein eindeutig bestimmter Ort auf der Zahlengeraden zugeordnet sein, nicht etwa ein ›Bereich‹ mit einer Ausdehnung größer als Null. Die Dedekindschen Schnitte leisten das jedoch nicht. Wohl wird durch Abtrag der Diagonalen des Einheitsquadrates ein Punkt auf der Zahlengeraden konstruiert, und das Quadrat dieser Diagonalen beträgt 2, so daß sich ihre Länge arithmetisch wie die reelle Zahl verhält, die wir mit $\sqrt{2}$ bezeichnen. Da sich aber aus der Konstruktion der Dedekindschen Schnitte nicht ableiten läßt, daß zwischen den Mengen L und R nur ein einziger Punkt liegen müßte, können wir den mit dem Zirkel gefundenen Punkt nur auf dem Wege axiomatischer Festsetzung mit der reellen Zahl identifizieren.

Daß auch andere Festsetzungen möglich sind, wissen wir längst: Modelliert man die Zahlengerade mit den hyperreellen Zahlen, so hat zwischen L und R noch eine ganze Monade aus unendlich vielen, infinitesimal benachbarten hyperreellen Zahlen Platz. Zum Dedekindschen Schnitt des Namens »$\sqrt{2}$« gehören dann unendlich viele verschiedene Punkte — und nur einer davon markiert das Ende der Einheitsdiagonalen.

Über die Zahlengerade sagt die Konstruktion der reellen Zahlen also am Ende nicht mehr, als daß wir alles, was sich zufällig zwischen L und R befinden sollte, –

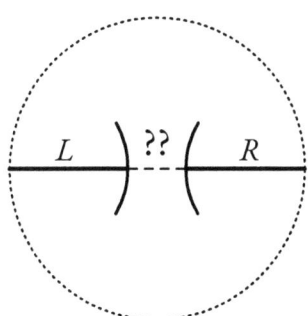

– als eine einzige Zahl betrachten wollen — und zwar auch dann, wenn die Intuition, wie im Falle von $0,\overline{9}$ und 1, Mühe mit dieser Identifikation hat. Vor diesem Hintergrund ist $\sqrt{2}$ letztlich nur ein Term, dessen Quadrat vereinbarungsgemäß 2 ergibt, so wie i ein Term ist, dessen Quadrat vereinbarungsgemäß -1 ergibt. Eine ontologische Aussage, was $\sqrt{2}$ *ist*, läßt sich auf Grundlage der Dedekindschen Schnitte nicht treffen.[33] Auf etwas theoretischerer Ebene kommt man zum vielleicht überraschenden Ergebnis: Die Existenz hyperreeller Zahlen läßt sich aus der Konstruktion der reellen Zahlen heraus nicht widerlegen.[34]

---

[33] Weiteres zu $\sqrt{2}$ bei Bedürftig *2022*.
[34] Vgl. dazu Kuhlemann *2018b*.

Literatur

Alle Netzadressen wurden zuletzt am 26. Januar 2025 abgerufen.

BAUMANN, Peter / BEDÜRFTIG, Thomas / FUHRMANN, Volkhardt (Hgg.): *dx, dy – Einstieg in die Analysis mit infinitesimalen Zahlen. Eine Handreichung*, Berlin – Hannover – Worms ²2023 (abrufbar unter `http://www.nichtstandard.de`)

BAUMANN, Peter / KIRSKI, Thomas: *Infinitesimalrechnung: Analysis mit hyperreellen Zahlen*, Berlin ²2022 (`https://doi.org/10.1007/978-3-662-64571-0`)

BAUMANN, Peter / KIRSKI, Thomas / WUNDERLING, Helmut: *Nichtstandard-Analysis für Schulen*, `http://www.nichtstandard.de`

BEDÜRFTIG, Thomas: *Über die Grenze zwischen mathematischer Lehre und mathematischem Unterricht*, Mitteilungen der Deutschen Mathematiker-Vereinigung 30, 2022, 132 – 135 (`https://doi.org/10.1515/dmvm-2022-0042`)

BEDÜRFTIG, Thomas / BAUMANN, Peter / FUHRMANN, Volkhardt (Hgg.): *Über die Elemente der Analysis – Standard und Nonstandard*, Berlin 2022 (`https://doi.org/10.1007/978-3-662-64789-9`)

BEDÜRFTIG, Thomas / MURAWSKI, Roman / KUHLEMANN, Karl: *Philosophie der Mathematik*, Berlin – Boston ⁵2024 (`https://doi.org/10.1515/9783111060415`)

KEISLER, H. Jerome: *Elementary Calculus: An Infinitesimal Approach*, On-line Edition 2000, revised March 2024, `https://www.math.wisc.edu/~keisler/calc.html`

KUHLEMANN, Karl: *Über die Technik der infiniten Vergrößerung und ihre mathematische Rechtfertigung*, Siegener Beiträge zur Ge-

schichte und Philosophie der Mathematik 10, 2018, 47 – 65 [*a*]
(https://nbn-resolving.org/urn:nbn:de:hbz:467-14260)

— : *Zur Axiomatisierung der reellen Zahlen*, Siegener Beiträge zur Geschichte und Philosophie der Mathematik 10, 2018, 67 – 105 [*b*]
(https://nbn-resolving.org/urn:nbn:de:hbz:467-14260)

— : *Nichtstandard in der elementaren Analysis. Mathematische, logische, philosophische und didaktische Studien zur Bedeutung der Nichtstandardanalysis in der Lehre*, Diss. Hannover 2022 [*a*]
(https://doi.org/10.15488/12105)

— : *Unendlichkeitslupe und infinite Vergrößerung*, in: B𝗘𝗗Ü𝗥𝗙𝗧𝗜𝗚/ B𝗔𝗨𝗠𝗔𝗡𝗡/F𝗨𝗛𝗥𝗠𝗔𝗡𝗡 2022, 65 – 77 [*b*]
(https://doi.org/10.1007/978-3-662-64789-9_6)

L𝗔𝗡𝗗𝗘𝗥𝗦, Dietrich / R𝗢𝗚𝗚𝗘, Lothar: *Nichtstandard-Analysis*, Berlin – Heidelberg – New York 1994
(https://doi.org/10.1007/978-3-642-57915-8)

L𝗔𝗨𝗚𝗪𝗜𝗧𝗭, Detlef: *Infinitesimalkalkül. Eine elementare Einführung in die Nichtstandard-Analysis*, Mannheim – Wien – Zürich 1978

— : *Zahlen und Kontinuum. Eine Einführung in die Infinitesimalmathematik*, Mannheim – Wien – Zürich 1986

L𝗜𝗡𝗚𝗘𝗡𝗕𝗘𝗥𝗚, Wilfried: *Konvergenz und Grenzwert im nichtstandardbasierten Unterricht*, Mitteilungen der Gesellschaft für Didaktik der Mathematik 106, 2019, 14 – 17
(unter https://ojs.didaktik-der-mathematik.de/)

W𝗨𝗡𝗗𝗘𝗥𝗟𝗜𝗡𝗚, Helmut / B𝗔𝗨𝗠𝗔𝗡𝗡, Peter / K𝗘𝗟𝗟𝗘𝗥, Angelika / K𝗜𝗥𝗦𝗞𝗜, Thomas: *Analysis als Infinitesimalrechnung*, Berlin – Frankfurt a. M. 2007

Register

Fette Seitenzahlen verweisen auf Definitionen oder genauere Erläuterungen der Begriffe.